U0300530

城市轨道交通工程
环境影响评价

刘明辉 著

中国建筑工业出版社

图书在版编目（CIP）数据

城市轨道交通工程环境影响评价/刘明辉著 .—北京：
中国建筑工业出版社，2018.9
ISBN 978-7-112-22541-5

Ⅰ.①城… Ⅱ.①刘… Ⅲ.①城市铁路-轨道交通-生态
环境-环境影响-评价 Ⅳ.①X820.3

中国版本图书馆 CIP 数据核字（2018）第 179737 号

责任编辑：李笑然 李 杰
责任校对：王雪竹

城市轨道交通工程环境影响评价

刘明辉 著

＊

中国建筑工业出版社出版、发行（北京海淀三里河路 9 号）

各地新华书店、建筑书店经销

北京红光制版公司制版

北京圣夫亚美印刷有限公司印刷

＊

开本：787×1092 毫米 1/16 印张：15 字数：301 千字

2018 年 11 月第一版 2018 年 11 月第一次印刷

定价：49.00 元

ISBN 978-7-112-22541-5

（32612）

序

中国的城市轨道交通从 1908 年第一条有轨电车在上海建成通车开始至今已有 110 年的发展历史。1956 年，北京地下铁道筹建处成立，标志着新中国的城市轨道交通事业的开端。在七十多年的发展过程中，我国的城市轨道交通主要经历了五个阶段：第一阶段，从 1908 年至 20 世纪 50 年代，我国有轨电车交通达到了高峰；第二阶段，从 20 世纪 80 年代末至 90 年代中期，是以交通为目的的地铁建设阶段；第三阶段，从 1995 年至 1998 年，为调整和整顿阶段，国家计划委员会于 1997 年提出并于 1998 年批复深圳地铁 1 号线、上海明珠线和广州地铁 2 号线作为国产化依托项目，城市轨道交通建设重新启动；第四阶段，从 1998 年至 2008 年，是我国城市轨道交通蓬勃发展的阶段，城市轨道交通从纯交通功能向多功能发展；第五阶段，从 2008 年至 2017 年年底，为飞速发展阶段，城市轨道交通迈向以多种功能为主的发展模式。2018 年 7 月 13 日，国务院办公厅印发了《国务院办公厅关于进一步加强城市轨道交通规划建设管理的意见》（国办发〔2018〕52 号），提出了"量力而行，有序推进；因地制宜，经济适用；衔接协调，集约高效；严控风险，持续发展"四项原则，对新形势下我国城市轨道交通发展做出部署，我国城市轨道交通发展进入了一个由量到质的重大转变阶段。

目前，快速发展的城市轨道交通面临着重大挑战，国内目前有 33 座城市运营着 4712km 的线路（不含市域快轨），有 56 个城市正在建设城市轨道交通，年投资将突破 4000 亿元。而城市轨道交通具有的准公益性的特点，及内部效益外部化、经济效益社会化的属性，使其运营逐步成为各地政府的沉重负担。因此，旧的城市轨道交通模式难以实现可持续发展。只有通过城市轨道交通与城市生态环境、城市空间、城市土地集约利用之间的协调发展，促进并带动"中国制造"相关产业的发展，才能通过轨道交通的可持续来支撑城市经济、社会和环境的可持续发展。

2014 年，中共中央国务院在《国家应对气候变化规划（2014－2020 年）》中提出，至 2020 年，我国大中城市公交出行分担比率达到 30％。2016 年发布的《中共中央国务院关于进一步加强城市规划建设管理工作的若干意见》（中发〔2016〕6 号）中进一步明确，至 2020 年，超大、特大城市公共交通分担率达到 40％以上。城市轨道交通的运营具有清洁、排放低的特点，符合国家的低碳减排战略。城市轨道交通、市郊铁路、城市道路和航空的能源消耗比分别是 0.8、1.0、4.6 和 5.3，而人均二氧化碳的排放分别是 1.0、1.0、4.6 和 6.3。这也成为城市轨道交通能够快速发展的重要原因之一。

与运营阶段的清洁和低排放相对应，城市轨道交通基础设施在建设过程中消耗了大量的资源、能源，也产生了很多环境问题。现阶段我国城市轨道交通建设具有投资大、规模大、周期长的特点，建设期的环境影响问题应得到足够的重视，因此，研究城市轨道交通基础设施建设过程的环境影响，有助于推动建设阶段的节能减排工作，同时也是城市轨道交通全生命周期可持续发展的重要组成部分。

作为中国城市轨道交通事业的见证者和建设者，我很欣慰地看到，我国的轨道交通不仅在建设、运营方面的多项技术位居世界前列，而且对城市轨道交通关键重大技术难题，尤其是对发展不平衡、不充分领域的研究也极度关注并取得了许多新成果。刘明辉博士对城市轨道交通全寿命周期在环境影响方面的系统性研究，就是其中一个典例。他的这本著作以城市轨道交通基础设施建设为研究目标，对建设期各种环境影响的目标和范围的确定、清单分析（LCI）、环境影响评价（LCIA）和结构解释等几个方面进行了系统性的研究，建立了城市轨道交通基础设施建设的环境影响评价理论体系和评价方法，探讨了全生命周期的城市轨道交通环境收益。研究成果为城市轨道交通项目全生命周期环境影响评价、城市轨道交通的可持续发展提供了理论和实践依据。还将会进一步引起各方对我国城市轨道交通项目全生命周期环境影响的高度重视。

陈湘生（博士，教授，中国工程院院士）

2018 年 7 月 19 日

前　　言

近年来，我国城市轨道交通事业快速发展，无论是运营还是在建里程都位居世界前列。城市轨道交通以其大运量、准时等特点成为解决城市交通拥堵问题的重要途径，同时，城市轨道交通的运营以电力为主要能耗，具有清洁、排放少、环境负担小等特征，被认为是绿色的出行方式。然而，城市轨道交通项目建设过程消耗大量的资源能源，排放众多有害物质。在我国城市轨道交通大规模建设的背景下，其建设阶段的环境影响无论在绝对体量还是相对比例上都是不可忽视的。

城市轨道交通项目建设期环境影响的量化和评价具有重要意义。首先，当前研究聚焦于城市轨道交通运营期的耗能及环境影响，因此对建设相关环境影响的量化，可以为全面评价城市轨道交通项目全生命周期环境影响提供重要依据；其次，对城市轨道交通项目建设期环境影响规律以及因素的研究将为项目在规划、设计和施工等过程中的决策和管理工作提供一个新的参考准则，促进城市轨道交通的节能减排。

课题组从 2012 年开始对城市轨道交通建设期环境影响评价进行研究。在过去的七年时间里，我们将全生命周期环境影响评价方法逐步应用到轨道交通建设领域，并从不同角度对轨道交通建设期的环境影响进行了全面的研究。这些研究成果在本书中主要体现在以下几个方面：

（1）建立了城市轨道交通建设期的环境影响评价模型。该模型对车站的施工工艺进行分解至单元工序，采用工程量和定额为基础，计算各施工要素，包括人工、建材和机械三个部分的环境影响，对轨道交通工程建设期的环境影响进行全面和综合的评估。同时，对建设过程中对碳排放影响较大的因素进行了参数分析。

（2）在建立的城市轨道交通环境影响评估模型基础上，结合 CML 中点破坏模型，对更多环境影响指标进行研究。选择全球变暖（GWP）、酸化（AP）、水体富营养化（EP）、非生物资源消耗（ADP）、人体毒性（HTP）、光化学烟雾（POCP）作为环境影响指标，对城市轨道交通工程建设期的环境影响进行分析，研究发现，所有环境指标在不同建设阶段、不同施工部位、不同工序上的影响值存在较大的差异。

（3）在中点模型基础上，确定合理权重，进一步建立适用于城市轨道交通建设期环境影响的单指标评价模型。应用 Eco-indicator 方法，选择对资源的损耗、对生态系统的损害以及对人类健康的损伤三个指标以及最终的生态指数，对城市轨道交通建设期的环境影响进行了研究，并分析了终点和中点两种模型的特点和适用性。

（4）在对城市轨道交通建设期环境影响量化评估及影响因素分析的基础上，研究了城市轨道交通建设规划阶段的环境影响。针对城市轨道交通建设规划阶段的可行性研究报告中的投资额属于估算值，没有具体的工程量清单，而目前国内外普遍采用的碳排放因子核算法必须有工程量清单才能够对工程碳排放进行计算这样的实际情况，根据可行性研究报告，提取碳排放预测模型影响参数，建立了建设规划阶段的城市轨道交通工程碳排放的神经网络模型，并进行了城市级的预测分析。进行了全生命周期的碳排放评估研究，提出了碳排放损益分歧点理论，通过案例计算了碳排放的平衡年限。

（5）基于生态比值法，结合地铁车站建设期的工程特征，建立了以 SEE（Station Ecological Efficiency）值为生态效率表达结果的评估方法，包括指标体系、权重体系、评价细则和评价方式。最终以评估软件的形式将评估体系应用于案例分析，对评估案例的结果进行了分析。

与运营期的环境评估相比，城市轨道交通建设期的环境影响因素众多，如所采用的材料、机械种类繁多，施工工法复杂、辅助工法多样、受环境和地质影响较大等。因此，本书内容并未完全考虑到这些因素的影响，未来还需要不断充实和完善。

感谢我的导师王元丰教授，在我的成长和科研方向上给我指导，本书研究内容也是王元丰教授开创的土木工程环境影响评价方向的一个分支。感谢韩冰教授在我科研工作上给予的支持和帮助。感谢贺晓彤在城市轨道交通建设期碳排放理论模型方面所做的开创性工作，感谢贾思毅博士在城市轨道交通建设环境影响评估理论、方法等方面做出的卓越工作，感谢李磐在城市轨道交通建设规划阶段碳排放评估和综合评估模型等方面做出的全面而细致的工作。还要感谢参与本书相关研究的王海军、林元琪、曹舒瀚、丁晓、刘萱、王伟丞、周佳楠、黄晓拢等同学，他们辛勤和富有创新性的工作，使我们能够在这个研究方向上不断取得突破。

限于作者水平，书中难免存在不当之处，恳请各位读者批评指正。

目　　录

第 1 章 绪 论

城市轨道交通因其运量大、舒适度高、准时性好等优点成为大城市解决交通拥堵及环境问题的重要手段。然而在城市轨道交通基础设施建设过程中消耗了大量的资源和能源，并产生大量的温室气体及有害物质，大大增加了环境负荷。伴随着大规模轨道交通建设，其建设期的能耗及环境污染成为需要重点关注的问题之一。

1.1 研 究 背 景

1.1.1 城市轨道交通发展

随着我国城镇化速度的加快，国民经济不断发展，居民交通出行量大幅增长，交通需求急剧扩大。轨道交通因其大运量、高舒适度、高准点率等优点被视为解决大城市交通问题的首选形式。近几十年来，轨道交通发展迅速，高铁、地铁、轻轨等快速轨道交通极大地改善了人们的出行模式和生活圈层，自 20 世纪 90 年代后期，我国城市轨道交通迅速发展。从 2000 年到 2014 年，全国城市轨道交通线路运营里程由 4 个城市 7 条线路 146km 迅速增长至 22 个城市 95 条线路 2900km[1]，运营总里程一跃成为世界最长的水平[2]。截至 2017 年 12 月底，中国内地已开通运营轨道交通的城市有 34 座，全国城市轨道交通总运营里程达 5021.7km，且已有 53 座城市开工建设轨道交通，在建规模达 5770km 左右[3]。

1.1.2 环境问题简述

当前全球气温变化已成为人们对于生态环境关注的热点之一，由于温室气体的大量排放导致全球气候变暖已经成为人们的共识。IPCC 第四次评估报告中指出，预计到 21 世纪末，地球表面平均温度将会增加 1.1℃到 6.4℃，而由人类活动导致的温室气体排放量增加是全球气候变暖的主要原因之一[4]。2009 年，《联合国气候变化框架公约》第 15 次缔约国会议在丹麦首都哥本哈根召开，会议提出了《哥本哈根协议》，以期通过各国的努力共同应对全球气候变暖问题，将全球升温幅度控制在 2℃以内。欧盟承诺于 2050 年减排 95%，并在 2020 年前减少 30%；俄罗斯宣布到 2020 年将温室气体排放量减少 25%；印度将在 2020 年前将其单位国内生产总值（GDP）二氧化碳排放量在 2005 年的基础上削减 20%～

25％；中国亦将节能减排应对气候变化作为重要的战略任务，提出到 2020 年单位国内生产总值二氧化碳排放量比 2005 年下降 40％～45％，并将其作为约束性指标纳入国民经济和社会发展的中长期规划[5]。为了实现减排目标，提高节能减排的积极性，碳的减排量已经成为一种新的商品在国际市场上交易，明确和量化温室气体排放已成为研究的热点。

1.1.3　中国节能减排战略概述

能源使用是温室气体排放的主要来源。中国作为发展中的大国，以煤炭为主的一次能源结构在短时间内较难发生显著改变，占有全球碳排放增长量的一半，也是世界第一碳排放大国。在减少碳排放的过程中，既存在着巨大的潜力，也面临着巨大的挑战。2014 年底，中国在《中美气候变化联合声明》中承诺，到 2030 年前停止增加二氧化碳排放[6]，明确了应对气候变化、低碳发展的战略方向，也给节能减排提出了新的挑战。

节能减排是我国的一项战略任务，国务院发布的"十三五"控制温室气体排放工作方案中明确指出，到 2020 年，单位国内生产总值二氧化碳排放量比 2015 年下降 18％，碳排放总量得到有效控制[7]。

2002 年以来中国的二氧化碳排放量以年均 9％的增速激增，2016 年中国二氧化碳排放量超过美国[8]，居世界第一位。2014 年 11 月，中美双方在北京发布《中美气候变化联合声明》[6]，中国宣布 2030 年的能源相关碳排放达到峰值时总量约在 110 亿吨左右，在全球气候变暖的大背景下，指出了低碳发展的战略方向[9]，并在 2015 年发布的《中国应对气候变化的政策与行动 2015 年度报告》明确提出于 2030 年左右二氧化碳排放量达到峰值，2030 年单位国内生产总值二氧化碳排放量比 2005 年下降 60％～65％的目标[10]；另一方面，中国政府将减排目标纳入"五年计划"，2017 年 1 月 5 日，国务院印发《"十三五"节能减排综合工作方案》[11]，方案提出，到 2020 年，全国化学需氧量、氨氮、二氧化硫、氮氧化物排放总量分别控制在 2001 万吨、207 万吨、1580 万吨、1574 万吨以内，比 2015 年分别下降 10％、10％、15％和 15％等定量化目标。

1.1.4　城市轨道交通建设期环境影响研究必要性

虽然城市轨道交通的运营以电力为主要能耗，具有清洁、绿色、少排放的特征，但有研究表明，城市轨道建设期环境影响十分明显[12]。城市轨道交通建设产生的交通堵塞、地面沉降、地下水环境影响及噪声污染、夜间光污染等都是城市居民密切关注的环境影响问题[13]。

作为一项大型基础设施，城市轨道交通的快速发展即意味着长周期（4～5年）内土建工程的大量建设，建设过程中建材、能源的消耗和运输等过程都产生了温室气体的排放。而且与地面道路建设相比，地铁建设产生的排放更加突出[14]。城市轨道交通在建设过程中会造成全球变暖、酸化、非生物资源消耗、光化学烟雾等影响，其中全球变暖是目前受到国际关注最多的一种影响类型[15]。全球变暖是由温室气体的排放直接导致，国际上以二氧化碳为标准，将其他温室气体按其对全球变暖的贡献折算成二氧化碳当量，并将这些温室气体排放统称为碳排放当量。有研究表明，每公里城市轨道交通建设过程中的碳排放当量达到了8 万吨[16]。随着城市轨道交通的快速建设，在建设过程中排放的二氧化碳将对我国"十三五"节能减排工作产生不可忽视的影响。目前，国内外已有研究人员针对城市轨道交通的运营能耗和环境污染进行了相关研究，但针对建设过程中涉及的温室气体排放的相关研究还较少涉及。因此，有必要正确认识城市轨道交通土建工程建设期各项活动中产生的资源能源消耗，量化环境影响排放，为城市轨道交通建设温室气体减排提供借鉴和指导。

1.2 研 究 现 状

1.2.1 基础设施建设环境影响研究

近年来，随着基础设施建设规模不断增大，其造成的环境影响问题也被逐渐关注，各国学者对交通基础设施及工业与民用建筑环境影响进行了许多研究。

早在 1998 年，Widman J[17] 即对两座混凝土桥和钢结构桥梁进行了生命周期评价，以 CO_2 排放和能源消耗为评价指标分析了两种桥梁的区别，以确定最重要的环境影响参数，分析表明 CO_2 的排放量主要来源于钢材和混凝土的生产过程。在生命周期评价时，Widman J 考虑了从原材料开采到桥梁拆除的全过程，采用了环境优先策略法、环境主体法和生态稀缺法三种方法。结果表明，由于钢结构桥梁材料需求少，因而环境影响相对较小。

2000 年，Itoh Y 等[18] 建立了桥型选择系统，通过计算各桥型所用施工材料和施工带来的 CO_2 排放及能源消耗，得到不同桥型的总环境影响，作为桥型选择影响因素之一。随后，Itoh Y 等[19] 又对传统的生命周期评价做出了优化，用于评价新型桥梁结构的环境影响。文中探讨了日本传统桥梁和 minimized girder bridge（日本新型桥梁形式）的 CO_2 排放和能源消耗情况，文章考虑了材料生产、桥梁施工、加固维修三个阶段，结果显示材料生产阶段的环境影响是最主要的。

Martin A[20] 研究了澳大利亚两座跨度均为 33m 的简支桥面板的温室气体排放和能源的消耗情况，两种桥面板都考虑了原始材料和回收重利用的材料。结果表明使用原始材料混凝土桥面板比钢—混组合结构少消耗 39% 的能源和少排放

17％的温室气体。当使用回收材料时，组合结果比混凝土结果少消耗 8％能源并少排放 30％的温室气体。

Bouhaya L 等[21]提出了一种简化的生命周期评价方法，以能量消耗和 CO_2 排放为评价指标，分析桥梁生命周期中材料生产、运输、施工、维修、拆除和废物处置等 5 个阶段的环境影响以及总的环境影响，并将该方法用于评价新型的桥梁结构。

国内方面，刘沐宇等人[22-25]对桥梁工程生命周期的碳排放进行了量化计算，主要从固定燃烧源、购买电力、流动燃料源等方面对桥梁设计阶段、原材料生产加工、现场施工、运营和维护及废弃这五个阶段对 CO_2 进行了定量测算；结合模糊数学理论和层次分析法，建立了桥梁生命周期环境影响的多级模糊评价模型，提出了不同桥梁生命周期环境影响的对比分析方法，并针对武汉市南太子湖大桥进行了案例分析。

许方强[26]在进行桥梁工程可持续发展性能评估研究时建立了一套分阶段的可持续发展评估指标体系和权重系统，针对公路桥梁根据全寿命周期理论，计算了桥梁在各个阶段的耗能和二氧化碳排放，并以此作为桥梁结构比选、养护、维修、加固方案比选时除经济、技术准则外的可持续性准则；在此基础上，他还实现了评估过程的软件化。

徐双[27]则建立了桥梁生命周期各个阶段碳排放的数据清单，对不同等级的混凝土和钢材的碳排放进行了归纳，并将钢材的回收利用考虑到了桥梁拆除阶段中，对比了两种不同结构形式的桥梁在生命周期过程中的碳排放差异情况。

另一方面，国内外学者针对建筑工程领域能耗和排放进行的相关研究多从寿命周期、绿色建筑、节能减排等角度入手。国外该方面研究相对深入，理论相对成熟，且积累了丰富的基础数据，还研发了许多针对能耗排放和环境影响的计算及评价软件。

日本建筑师学会于 1999 年出版了对日本建筑生命周期碳排放进行计算的《建筑物的生命周期评价指针》以及碳排放计算软件。利用该软件，日本学者计算了大量建筑物的生命周期碳排放量，积累了丰富的数据。同时，将生命周期碳减排量作为建筑环境影响评价的一个重要指标。

Cole RJ[28]在将建筑的生命周期分为原材料生产、利用原材料建成建筑雏形、建筑的装修和维护、废弃及拆除 4 个阶段的同时，将第 1 阶段划分为工人运输、材料运输、大型设备运输、定点施工设备消耗和建筑支持措施 5 个部分，以研究不同性质建筑的碳排放结构。Thormark C[29]则在研究中表明碳排放量最为集中的阶段为建筑运行阶段，但施工阶段的排放也占有较高比重，约为总量的 20％。

Nässén J[30]等采用由上至下的投入产出法分析了瑞士建筑行业的能耗和碳

排放，并将计算结果分配至各部门和各项建筑活动，并与另外 18 项采用生命周期评价的研究结果相比，发现有一定差异。他们认为部分误差来源于系统边界定义，并指出生命周期评价适合于产品研究以及建筑单体的碳排放研究，而投入产出法则更适合于宏观分析以及建筑群区的碳排放分析。

Gerilla GP 等[31]则利用单位货币消费排放的污染物量来计算碳排放，便于在大尺度上对碳排放进行快速计算。Verbeeck G 等[32]提出了建筑生命周期清单并建立了计算模型，对比利时五种不同形式的住宅进行了生命周期的能耗和碳排放分析。通过对比分析，他们发现采用不同的维护结构对建材物化阶段、建筑使用阶段甚至全生命周期的碳排放影响会有较大的影响。

Ambrose Dodoo 等[33]采用生命周期评价对比了混凝土结构建筑和木结构建筑在建材生产、建筑使用以及建材回收等阶段的碳排放量，发现生命周期内木质结构建筑碳排放相当于混凝土框架结构建筑的 80%，但在后期使用阶段差异性更大。Zabalza Bribián I、Gustavsson L 等[34-35]也分别基于生命周期理论建立了相应的计算模型，只是在阶段划分等方面有所不同。

国内部分学者针对建筑碳排放计算方法、建筑材料碳排放系数、能源碳排放系数等一系列建筑碳排放的基础问题进行了相关研究。

曹淑艳等[36]采用投入产出法综合分析了 2007 年中国 52 个产业部门碳足迹的流动情况。将建筑业归为间接碳足迹流活跃组，得出建筑业 2007 年完全碳足迹为 17.6 亿 tCO_2。张涛等[37]在搜集国内外权威组织、机构公布的相关研究成果的基础上，整理出了建筑碳排放核算过程中常用的能源、材料的碳排放因子。张春霞等[38]分类、整理并对比分析了国内外研究机构给出的能源碳排放因子，提出了建筑碳排放计算过程中能源碳排放因子的选择方法。彭勃[39]在对绿色建筑生命周期能耗及碳排放的案例研究过程中发现，碳排放计算过程中采用不同的国内外建材数据库，计算出的碳排放结果存在着不同程度的差异，有的甚至高达 30%。清华大学、北京工业大学、浙江大学、四川大学等高校的研究机构还针对建材阶段研究建立了相应的碳排放清单数据库[40]。

除此之外，还有大量学者基于生命周期评价建立了建筑相关的碳排放核算模型，并结合模型进行了大量的工程实例研究。

于萍等[41]在建筑生命周期中加入了循环的概念，将其划分为原材料生产、建筑施工、建筑使用、维护、建筑的废弃和处理 5 个阶段，并指出碳排放计算的重点为使用阶段，而施工阶段碳排放可以忽略不计。陈莹等[42]建立了以 CO_2、SO_2、CO、NO_x 和 PM10 为代表的建筑环境碳排放理论计算模型，将建筑生命周期划分为建材开采和生产、建筑施工、建筑运行、建筑维护以及建筑拆除和固体废物处置 5 个阶段。阴世超[43]则在其硕士论文中将建筑生命周期加入了建筑设计阶段，将生命周期划分为建筑设计阶段、建材开采和生产阶段、建筑施工阶段、建筑使用和维护阶段、建筑拆除与回收阶段，并在此基础上以定性和定量相结合的方式提出了建筑低碳评价的相关指标。

在实例研究方面，尚春静等[44]基于生命周期评价理论建立了建筑生命周期碳排放的核算模型，对木结构、轻钢结构和钢筋混凝土结构3种不同形式的建筑进行了定量测算和对比，得出在满足同样使用功能的前提下木结构建筑相比而言具有较低的生命周期碳排放。

王霞[45]在其博士论文中对建筑的生命周期碳排放进行了深入研究，将《京都议定书》中定义的六种温室气体根据其的温室效应潜能值换算成对应的 CO_2 当量，建立了建筑生命周期碳排放基础数据库及计算模型，使用 VB6.0 编制住宅建筑生命周期碳排放计算程序，并对中新天津生态城的一栋节能住宅进行了案例分析，通过改变其保温层厚度、冷热源、使用年限等对比其生命周期碳排放变化量。

另外，叶少帅[46]在生命周期能耗评价的基础上，重点进行了建筑施工过程碳排放研究，从材料、设备运输、施工现场配套设施及施工废弃场四个方面建立施工阶段碳排放计算模型，为量化国内建筑施工阶段碳排放和探讨建筑减排潜力提供了参考。

相比其他交通基础设施和工业与民用建筑而言，轨道交通车站的结构形式、荷载形式、受力状态和施工方法更为复杂，工期长、投资大，目前已有的建筑领域碳排放计算模型难以有效适用于城市轨道交通工程，尤其是地下工程，因此，需要针对轨道交通工程的特点建立新的评估模型。

1.2.2　城市轨道交通建设期环境影响研究

近年来，国内外许多学者围绕城市轨道交通环境影响做了大量工作，其中大部分工作集中在城市轨道交通运营期能耗及碳排放的研究。

这些研究中对于运营期耗能的量化涉及运营行为的各个方面，例如机车牵引耗能[47]，车站内部照明及耗电[48]，设备、车辆损耗[49]等。在量化运营期能耗的基础上，定义了城市轨道交通碳收益的概念，即个体通过轨道交通出行相对私人汽车或其他公共交通方式单次出行所减少的碳足迹[50]。许多学者研究城轨线路建设对客流出行方式的改变，并以此为基础研究了线路运营所带来的碳收益[51]，相关研究考虑了其他因素，例如，城市轨道交通线路建设对交通堵塞的缓解[52]，以及新建线路对土地利用的影响[53]。

在节能措施研究方面，Hoang H 等[54]从节约能耗的角度，提出了一种启发式算法，并将该算法应用在地铁线路纵断面的优化设计中。Mellit B 等[55]提出在保证列车不晚点的情况下应用专家系统动态控制列车惰行，以降低列车运行能耗。

国内学者多对轨道交通能耗的定量计算以及考虑轨道交通对小汽车的替代作

用而带来的环境改善等问题进行了相关研究。

曾智超[56]在对城市轨道交通对城市发展和环境综合影响后评价的研究中发现，城市轨道交通对机动车的替代，在一定程度上降低了机动车尾气排放总量，但在轨道交通与地面交通接驳换乘局部区域，由于聚集的人流、车流，局部区域环境影响加重。

陈飞等[57]通过建立低碳交通发展模型，考虑城市轨道交通对民用小汽车的替代作用，以上海市为例对上海市轨道交通碳排放量进行了测算。

张燕燕[58]在对北京、广州等地铁车站及车载能耗进行大量调研的基础上，建立回归模型，从而得出运营期车站耗电量，并就上海地铁线路运营的实际数据对车载能耗的计算模型进行了验证。

龙江英等[59]对城市轨道交通运行阶段的地铁车辆和地铁车站进行了碳排放计算，运用 VB 程序建立了简单的算量模型。通过计算城市轨道交通运行过程中的各项耗电量，根据其中火力发电的比例，计算燃烧煤的质量，从而将燃煤转化为碳排放。

卫超[60]计算了城市轨道交通车辆和常规公交车辆在不同满载率和速度水平下，运送单位乘客理论上需要的牵引功率，从而得出城市轨道交通与常规公交理论能耗间的关系；张铁映[61]则对城市小汽车、公共汽车、轨道交通的能源消耗进行了比较。谢鸿宇等[62]则从列车牵引用电和地铁站场用电两方面分析了深圳地铁的碳排放量。

上述文献对城市轨道交通运营期的耗能和碳排放等环境影响做了充分研究，得到的结论也符合普遍的预期，即从环保角度出发，城市轨道交通相比其他出行方式具有一定的优越性。然而，城市轨道交通项目尤其是地下铁路项目在建设过程中将消耗大量的资源、能源，同时产出排放大量的建筑垃圾、有害物质。研究显示，1 公里地铁建设将排放 7.9 万吨二氧化碳（包括材料生产运输、施工排放），是 1 公里高速公路建设碳排放的 46 倍[63]；亚洲清洁空气中心（Clean Air Asia）的报告显示，胡志明市和班加罗尔地铁项目建设相关碳排放占到全生命周期的 20% 以上[64]；所以无论从绝对体量和相对占比来说，城市轨道交通建设相关的碳排放不可忽略。另一方面，全面评价城市轨道交通的环保特征是需要考虑其建设期的环境影响的。伦敦地铁采用 GHG Protocol 标准研究了整个系统的碳足迹[65]。英国 RSSB 研究机构研究了铁路从设计、建设、运营、维护到废弃全生命周期的碳足迹[66]，研究表明，基础设施建设及养护所造成的碳排放约占碳排放总量的 1/4。日本学者 Morita Y[67]从全寿命周期角度建立了城市轨道交通系统碳排放评估基本模型，对城市轨道交通系统建设、运营、维护及处理各阶段评估了城市轨道交通系统的碳排放。

Chang B 和 Kendall A[68-69] 采用生命周期评价理念对加利福尼亚高速铁路旧金山到阿纳海姆段的建设阶段进行了碳排放测算,发现建材生产碳排放约占总量的 80%,而建材运输约占 15%;隧道结构等只占全线长度的 15%,但其建设过程碳排放约占 60%。

然而,目前城市轨道交通建设期环境影响的研究较少,现存的一些研究均以个体案例作为研究对象,研究范围聚焦于碳排放等少数影响指标,对建设期环境影响的量化缺少系统的方法,且对于建设期环境影响的决定因素分析不足。同时,研究中多未提出相应的减排方案,影响了研究的实际应用价值。

1.2.3　城市轨道交通建设期环境影响相关政策

近两年来,国家对建设项目的环境影响评估约束力度逐渐增大。国务院令第253 号文件《建设项目环境保护管理条例》[70](以下简称 253 号文件)规定,建设单位应当在建设项目可行性研究阶段报批建设项目环境影响报告书、环境影响报告表或者环境影响登记表。依照 253 号文件,建设项目环境影响报告书旨在防止建设项目产生新的污染、破坏生态环境,其内容应当包括:

(1) 建设项目概况;

(2) 建设项目周围环境现状;

(3) 建设项目对环境可能造成影响的分析和预测;

(4) 环境保护措施及其经济、技术论证;

(5) 环境影响经济损益分析;

(6) 对建设项目实施环境监测的建议;

(7) 环境影响评价结论。

因此,国家要求城市轨道交通的建设需在可研阶段完成环境影响评价报告专题,并于 2008 年颁布《环境影响评价技术导则——城市轨道交通》HJ 453—2008(以下简称《导则》)[71],要求对建设期、运营期内的声环境、振动环境、电磁环境、水环境、大气环境等作出具体的影响评价与控制措施。

《导则》中规范了城市轨道交通建设项目环境影响评价工作程序,按照该环境影响评价工作程序,城市轨道交通工程环境影响评价应涵盖建设期和运营期,并包括施工与运营的所有过程、范围和活动。城市轨道交通建设项目环境影响评价工作程序如图 1-1 所示。

城市轨道交通工程环境影响评价应依据国家环境保护法律法规、国家与地方环境保护相关标准、行业规范、城市规划相关资料、建设项目工程资料,以及轨道交通线网或建设规划环境影响评价相关资料等。

环境保护法律法规,主要包括环境保护、生态保护、环境影响评价、污染防治等国家法律法规,相关地方法规、部门规章,以及城市环境功能区划。

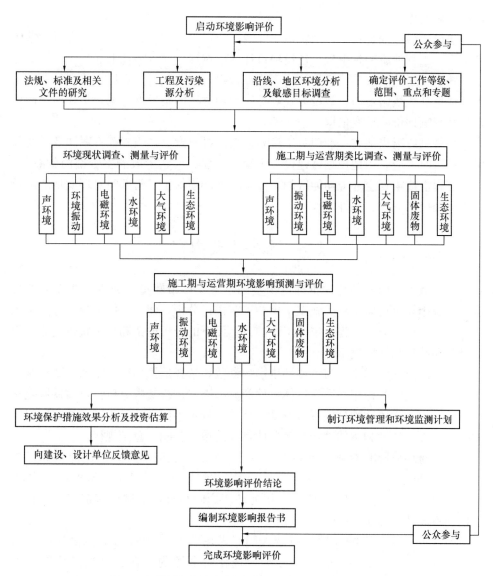

图 1-1　城市轨道交通建设项目环境影响评价工作程序

　　环境保护标准，主要包括环境影响评价技术导则、环境质量标准、国家与地方污染物排放标准，以及环境测量等相关标准。

　　行业规范，主要包括轨道交通建设、设计、施工等技术规范及环境保护有关规范。

　　城市规划相关资料，包括城市总体规划、城市综合交通规划、城市轨道交通线网规划、城市轨道交通建设规划、城市环境保护规划、生态建设规划、历史文化保护规划等。

建设项目工程资料，包括轨道交通线网或建设规划及其批复、工程可行性研究报告、工程地质勘查报告、建设项目环境影响评价任务委托书等。

轨道交通线网或建设规划环境影响评价报告书及其批复意见，特别是涉及工程选线选址、线路走向、敷设方式等关于规划方案的指导性意见，是开展建设项目环境影响评价的重要依据。

报告书应附当地有关部门关于规划方案的批复意见，当工程方案涉及需特殊保护地区时，应有当地规划、建设、土地、环保、文物等政府主管部门的意见。对于工程沿线未划定环境功能区的，需附当地环境保护主管部门对环境功能区及适用标准确认的相关文件。

1.3 本书主要内容

（1）以生命周期环境评价理论为基础，考虑城市轨道交通工程建设期的特点，对城市轨道交通工程的施工工序和工艺进行分析，建立单位工程—分部工程—子分部工程—分项工程—单元工序的自上而下的分析框架和城市轨道交通工程建设期环境影响评估模型。

（2）以温室气体排放为主要环境影响参数，选择地铁明挖车站的主要控制性指标，选取地铁明挖车站温室气体排放的典型因素进行参数分析：对地铁明挖车站围护结构和主体结构分别进行设计和计算，确定不同埋深、不同车站宽度对围护结构、土方开发和主体结构温室气体排放清单的影响，总结规律。

（3）对环境影响参数进行拓展，结合 CML 中点破坏模型，选择全球变暖（GWP）、酸化（AP）、水体富营养化（EP）、非生物资源消耗（ADP）、人体毒性（HTP）、光化学烟雾（POCP）作为环境影响指标，对城市轨道交通工程建设期的不同环境影响指标进行了分析。

（4）扩大环境影响参数的范围，同时考虑将环境影响结果转化为单一指标，应用 Eco-indicator 终点破坏模型，选择对资源的损耗、对生态系统的损害以及对人类健康的损伤三个中间指标和生态指数作为最终单一指标，对城市轨道交通建设期的环境影响进行研究，并分析终点和中点两种模型的特点和适用性。

（5）根据城市轨道交通建设规划阶段的可行性研究报告中的投资估算值和城市轨道交通线路的特征参数，提取温室气体排放预测模型影响参数，采用神经网络模型，建立了建设规划阶段的城市轨道交通工程温室气体排放的神经网络预测模型，并进行了城市级的预测分析。

（6）考虑建设和运营期的温室气体排放，进行了全生命周期的碳排放评估研究，提出城市轨道交通全生命周期温室气体排放损益分歧点的概念，并通过案例分析了平衡年限。

（7）基于生态比值法，结合地铁车站建设期的工程特征，建立了以 SEE（Station Ecological Efficiency）值为生态效率表达结果的评估方法，包括指标体系、权重体系、评价细则和评价方式。最终以评估软件的形式将评估体系应用于案例分析，对评估案例的结果进行了分析。

第 2 章　可持续理论及环境影响评价模型

量化城市轨道交通的环境影响有利于促进其可持续发展，目前常用的量化模型为生命周期法，根据 ISO14040 系列标准定义，完整的生命周期评价主要包含四个阶段，即目标和范围的确定（Goal and Scope Definition）、清单分析（Life Cycle Inventory Analysis，LCI）、环境影响评价（Life Cycle Impact Assessment，LCIA）和结果解释（Life Cycle Interpretation）。

2.1　可持续发展的思想

可持续发展的思想的萌芽源于 20 世纪 60 年代，Rachel Carson 的《寂静的春天》一书列举了大量人类对环境造成污染的案例，指出：人类一方面在创造高度文明；另一方面又在毁灭自己的文明[72]。1972 年，联合国人类环境会议发表了《人类环境宣言》，指出："为了在自然界里获得自由，人类必须利用知识在同自然合作的情况建设一个较好的环境。为了这一代和将来的世世代代，保护和改善人类环境已经成为人类一个紧迫的目标[73]。"可持续发展的思想的基本轮廓逐渐成型。

1987 年，世界环境与发展组织委员会发布的《我们共同的未来》[74]一书，系统地阐述了可持续发展的战略思想，并提出了可持续发展的明确目标："为了实现可持续发展，人类必须致力于：消除贫困和实现适度的经济增长；控制人口和开发人力资源；合理开发和利用自然资源；尽量延长资源的可供给年限，不断开辟新的能源和其他资源；保护环境和维持生态平衡；满足就业和生活的基本需求，建立公平的分配原则；推动技术进步和对于危险的有效控制。"1991 年，世界自然保护联盟、联合国环境规划署和世界野生动物保护协会共同发表了《保护地球：可持续生存战略》，提出"要在生存不超于维持生态系统涵盖能力的情况下，改善人类生活品质"，并提出人类可持续生存的九条基本原则[75]。

1992 年，联合国环境与发展大会在巴西召开，会上通过了《里约热内卢宣言》和《21 世纪议程》[76]等重要文件，可持续发展的思想开始成为全球共识，成为全人类共同的发展战略。

可持续发展是人类面对环境问题的共同选择，在这一思想的引领下，学术界开始对人类生产、生活过程中的环境影响问题进行深入研究，生命周期评价理论就是其中最重要的理论和手段之一。

2.2　生命周期评价

　　生命周期评价的研究思想出现在 20 世纪 70 年代，美国可口可乐公司试图通过全过程跟踪与定量分析评价可口可乐饮料包装[77]。该研究为生命周期评价理论的发展奠定了基础。随后，国际环境毒理学和化学学会（SETC）等国际组织机构以及诸多学者对生命周期评价理论进行了大量的研究及应用，形成了对生命周期评价定义的多种不同表述[78]，根据 ISO14040 系列标准[79]定义，完整的生命周期评价主要包含四个阶段，即目标和范围的确定（Goal and Scope Definition）、清单分析（Life Cycle Inventory Analysis，LCI）、环境影响评价（Life Cycle Impact Assessment，LCIA）和结果解释（Life Cycle Interpretation），如图 2-1 所示。

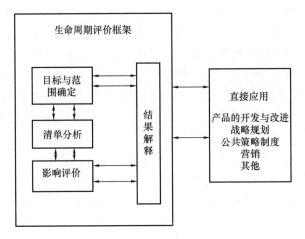

图 2-1　生命周期评价框架

　　碳排放因子的研究源于生命周期评价法（Life Cycle Assessment，LCA）。生命周期评价不是对实际环境影响或绝对环境影响的评价，而是对人类活动可能产生的环境影响——即"潜在"影响的评价，具有不确定性。这种不确定性主要来源于"环境机制"，即环境影响会受到区域内排放水平、环境受体（生态系统或人）的敏感性等可变因素的影响，而且不同的生产水平其污染排放数据也具有较大差异。但 LCA 突出强调产品的生命周期，即"生产（包含原材料利用）、销售/运输、使用、后处理"4 个阶段，故 LCA 对某一人类活动的全过程资源消耗和环境影响进行彻底、全面、综合的评估，因而获得国际上的普遍认同，并为这种理论和方法的不断完善和发展进行了大量研究，如生命周期设计（LCD）、生命周期工程（LCE）、生命周期核算（LCC）及为环境而设计（DfE）等。

LCA作为产业生态学的基础理论和分析方法，在欧美已经有广泛应用。美国的建筑评价标准LEEDv4里面明确把建筑产品、材料是否进行过LCA作为一项重要的评分标准。在更大范围上，美国政府要求所有的联邦机构评估自身的碳排放水平并且要求为政府采购制定相应的碳排放政策。欧盟在LCA及相关领域活动更为活跃，法国2007年通过Grenelle环境法令要求所有的大众消费品提供产品环境影响声明（EPD）。欧盟从2011年开始研发基于LCA的Product Environmental Footprint（PEF）规范，目前已经进入第2阶段。PEF旨在促进全欧盟范围内实行统一的产品环境影响评价方法，以便有效提高产品环境影响计算的可靠性和不同产品之间环境影响数据的可比较性。这些举措都极大地促进了LCA在全球的应用和发展。

2.2.1　目标与范围的确定

确定目标和范围是生命周期评价的第一步，也是清单分析、环境影响评价和结果解释的基础和出发点。目标的确定旨在明确进行生命周期评价研究的原因、可能的应用以及研究结果所面向的听众。研究范围的界定则是对生命周期评价的深度、广度和详细度的框定，范围的界定应能够充分满足研究目标的要求，范围设定要适当，设定过小得出的结论不可靠；而设定过大，则会增加以后三步的工作量。目的与范围的界定主要考虑以下几个问题：确定研究目的、明确所研究的产品系统、界定系统边界、定义功能单位、数据类型及质量要求等。

产品系统（图2-2）是由提供一种或多种确定功能的中间产品流联系起来的单元过程的集合。一个产品系统可以划分为一系列的单元过程，单元过程之间由中间产品流和（或）待处理的废物相联系，各单元过程分别满足物质和能量守恒。产品系统与其他产品系统之间通过产品流相联系，与外部环境之间通过基本流相联系[80]。一个产品系统可由组成的单元过程、系统内部的中间产品流以及系统边界的物质流和产品流完全确定。

由其单元过程、系统边界、相应的基本流和产品流等所确定，它的基本性质取决于它的功能。

功能单位[81]是一个测量评估的基本单位，用于处理和显示LCA的数据和信息，是不同产品进行横向比较的标准。一个系统可能具备多种功能，在评价研究过程中究竟选择哪一种功能取决于目标与范围的界定。功能单位的选取应保证其数据的可测量性。

系统边界即通过制定一系列准则决定LCA评价过程中包括哪些单元过程、哪些单元过程可以忽略，进而系统所包含的与这些单元过程相关的输入与输出类型以及可以被排除的输入输出类型也相应确定。系统边界的选择应与研究目的相一致，应对研究中包括的单元过程以及对这些单元过程研究的详细程度作出

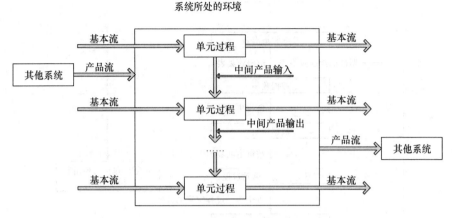

图 2-2　生命周期评价产品系统示例

规定。

2.2.2　清单分析（LCI）

清单分析是 LCA 的核心部分，也是 LCA 定量化的开始，是对系统边界、功能单位等数据的收集和对资源利用、系统向空气及土壤的排放等输入输出的定量计算过程，是进行环境影响评价的基础。在该阶段，需要建立系统流程图，明确系统所包含的单元过程、相互关系以及各单元过程中数据类型（物质、能源等的输入、输出）；确定各数据类型的计量单位；在此基础上进行数据收集和量化，形成数据清单。

输入通常包括物料、能源和水资源，输出则通常包括产品，向大气、水和土壤排放的废气、废水和废料。在计算能源时要考虑使用的各种形式的燃料和电力、能源的转化和分配效率以及与该能源相关的输入输出。在计算输出时不造成环境影响的因素如水蒸气可不予考虑。

清单分析也是一个反复的过程，目的和范围的确定为进行 LCA 中的清单分析提供了必要基础，数据的收集要符合研究目的，有时也需要适当的修改目的与范围来简化数据的收集。清单分析具体步骤如图 2-3 所示。

2.2.3　环境影响评价（LCIA）

清单分析是对整个生命周期内所有环境交换（输入、输出）的清查，但清查结果是分散的，对面向的听众（目标使用者）而言是不清楚的。环境影响评价（LCIA）则是运用清单分析的结果对潜在的重大环境影响进行计算和评价的过程，通过数据计算得到既能满足研究目标要求又能使面向的听众易于理解的评价

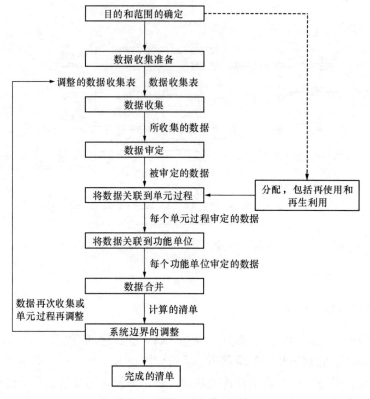

图 2-3　清单分析步骤简图

结果。

　　环境影响评价是整个生命周期评价过程中最为复杂，也是争议最大的环节。对于环境影响评价，目前国际上尚未形成统一的评价方法。根据 ISO 相关标准，环境影响评价要素包括必备要素和可选要素[79]。

　　必选要素包括：为取得理想的研究成果，选择合适的影响类型、类型参数和特征化模型，以涵盖所有的研究范畴；根据环境影响将清单分析的数据结果划分到各个影响类型中（即分类）；以及将各影响类型中的环境影响换算为研究目的中最典型的类型参数结果（即特征化），如图 2-4 所示。而归一化、分组、加权以及数据质量分析等过程是可选的。

　　目前，环境影响评价模型分为两类——中点（Mid-Point）破坏模型和终点（End-Point）破坏模型。中点破坏模型对环境影响的分析终止于环境机制的某个中间环节，而终点破坏评价则将环境影响量化到环境机制的末端。中点破坏模型的代表方法是荷兰雷顿大学环境研究中心的 CML 法[82]，终点破坏模型是以荷兰的生态指标法（Eco-indicator 99）[83] 为代表。两种破坏评价模型如图 2-5 所示。

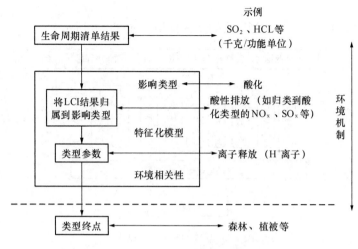

图 2-4　环境影响评价流程（必选要素）

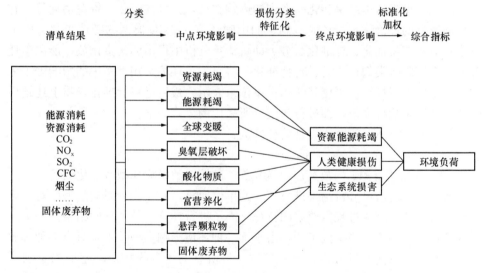

图 2-5　两种破坏评价模型的比较

1. 中点模型（Mid-Point Model）

中点破坏模型对环境影响的分析终止于环境机制的某个中间环节，中点破坏模型的代表方法是荷兰雷顿大学环境研究中心的 CML 法。

中点破坏模型在生命周期影响评价中实践时间长、应用广泛、发展成熟，而且能够客观明确地给出产品对目前所关注的重要环境问题的影响，如全球变暖、酸化、富营养化等。采用中点破坏模型可以有效地减少假设的数量和模型的复杂性。

以下为基于中点模型 CML 法的技术框架，如图 2-6 所示。

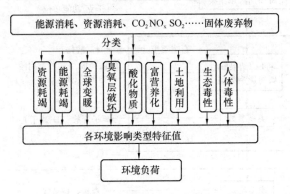

图 2-6　CML 法的技术框架

分类是清单分析中得到的把影响物质划分到评价目的所涉及的各个影响类型中。中点模型将清单结果转化一系列的影响类型，如气候变化、资源消耗等，它对环境影响的评价终止于环境机制中的中间环节。CML 模型的必选步骤为以下三步：分类、特征化、标准化。分类即将清单分析中得出的污染排放、能源消耗等分成 9 种影响类型；之后进行特征化，将每一个环境影响类型中的影响因子采用统一单位进行换算，再用某一当量单位来表示；最后进行标准化，将上述结果转化为环境影响标准值，并进行比较。所采用的公式如下：

第 j 类影响类型 $EI(j)$ 特征化公式为：

$$EI(j) = \Sigma(M_i \times C_{ij}) \tag{2-1}$$

式中：M_i 为所用资源 i 的数量；C_{ij} 为资源 i 的第 j 类影响类型特征化因子。

特征化是对清单分析结果进行统一的单位换算，并在一种影响类型内对换算结果进行合并。这一过程主要采用特征化因子进行计算，特征化的结果是一个定量的指标。本书采用当量因子法，由于某一种环境影响类型并不是只有一种排放物引起，为了方便定量分析、统一单位，将所有的排放物按照一定的当量因子（也称特征化因子）转化为某一种代表物质的当量数。例如，计算全球变暖潜值时，将每种温室气体折合为二氧化碳当量，再对各种气体的计算结果进行合并就得到了以二氧化碳当量表述的参数结果。

进行标准化的公式如式（2-2）所示：

$$NEI(j) = \frac{EI(j)}{N(j)} \tag{2-2}$$

式中：$NEI(j)$ 为标准化之后的第 j 类环境影响值；$N(j)$ 为标准化基准值。

标准化的目的是为了更好地认识所研究的系统中每个类型参数结果的相对大小，也便于比较不同类别的环境影响类型。方法是通过选定一个基准值作除数对不同环境影响类型的特征化结果进行转化，目标是为了统一不同影响类型的标准化后结果的单位，方便进行不同环境影响类型相对大小的比较。

2. 终点模型 (End-point Model)

终点破坏模型将环境影响量化到环境机制的末端。终点破坏模型是国际 LCIA 研究的新趋势，以荷兰的生态指标法 (Eco-indicator 99) 为代表。该方法将环境影响追踪量化到影响链的末端进行评价，有利于揭示环境问题的客观本质和最终损伤。生态指标法 (Eco-indicator 99) 选取人类健康、生态系统质量和资源能源三个终点环境破坏类型，对三种环境影响类型进行分类、特征化、标准化、权重计算，最终得出总的环境影响。终点模型是模拟由清单分析后的结果造成的环境破坏，例如对人类健康造成的损害及对生态系统的环境破坏等，是将环境影响的评价量化至环境影响机制的最末端。

以 Eco-indicator 99 为例，将环境影响类别特征化为三个方面，即健康损伤、生态系统损伤、资源能源损耗，并计算其影响值，详见表 2-1：

Eco-indicator 99 特征化对象　　　　　　　　　　表 2-1

损伤	单位
健康损伤	DALY
生态系统损害	PDF · m^2 · yr
资源能源损耗	MJ

注：DALY——Disability Adjusted of Life Years，伤残调整生命年；PDF——Potentially Disappeared Fraction，可能减少生物量比例；yr—— year，年。

为简单、有效地对产品、生产过程做出生命周期评价，列出物质清单为不可或缺的一步，清单内容包括气体排放、能量消耗等，而根据方法的不同，可以对清单所列内容进行不同程度的评价，简单总结，一般可以分为以下三种评价方式：

（1）最低程度：仅列出生态清单，并不对其分类、特征化，清单内的内容即为评估内容的全部。

（2）中等程度：鉴于某些不同物质可能引起相同的环境问题（如甲烷和二氧化碳均能引起温室效应），评估过程中可将具有相同或类似的效果归为一类，并对其所造成的环境影响进行统一评估或计算。为简化影响评价，将所有的环境影响因素纳入多个影响指标内，如气候影响指标二氧化碳类物质、环境酸化指标二氧化硫类物质；之后对不同类别指标造成的环境问题进行简单计算如温度变化、pH 值变化。然而仅有这些参数对于环境影响评价尚不充分，因为温度变化、pH 值变化仅为计算中间值，并非最终的环境损害，该类评估方式称为中间点评估模型（mid-point model）。

（3）最大程度：为进一步简化计算模型，将自然环境分类归纳为具有代表性的保障对象，保障对象所受的影响以损害指标来描述。经归纳、简化后共有三个具有代表性的保障对象，即：人类健康问题、生态系统问题、资源问题。这三个保障对象所受影响称为终点（End-Point），将所有的环境问题如气体排放、重金属污染等所造成的影响均计入上述三个保障对象之内，如此可以使评估结果更简单、明了。需要强调的是，所有的环境问题都必须针对三个保障对象确定，如臭氧层破坏所造成的环境问题可纳入人类健康问题范畴，通过计算寿命损失年（Years of Life Lost，YLL）、伤害所致健康寿命损失年（Years Lived with Disability，YLD）从而确定伤残调整生命年（Disability Adjusted of Life Years，DALY），以达到最终评估环境影响的目的。

上述第三种评估模型即终点评估模型（End-Point Model）或针对损害的生命周期评价（Damage-oriented Life Cycle Impact Assessment）。Eco－indicator 99 即采用此种方法。终点评估模型的重点是保障对象及其所受损害，而非生态清单中的具体内容。因此，该评估模型也是自上而下评估模型。

Eco-indicator 99 环境影响值的计算如式（2-3）：

$$EI = \frac{D_{HH}}{N_{HH}} \cdot W_{HH} + \frac{D_{EQ}}{N_{EQ}} \cdot W_{EQ} + \frac{D_R}{N_R} \cdot W_R \qquad (2-3)$$

式中：EI 为生态指数，即最终计算结果；W_i 为权重，$\sum W_i = 1$；D_i 为计算所得环境污染损害值；N_i 为标准值。

2.2.4　结果解释与改善

结果解释与改善是在前三阶段的基础上，系统性地清查清单分析和环境影响的结果，形成结论，提出有针对性的建议，并给出结果的局限性。该结果不仅要给出能够客观阐述分析结果的参数，同时也要保证数据的完整性，最重要的是通过转化数据可以证实该分析结果的合理性、正确性。生命周期解释与生命周期评价其他阶段的关系如图 2-7 所示。

生命周期解释阶段包含三个要素：基于 LCI 和 LCIA 阶段的结果识别重大问题；根据研究目的及范围进行完整性检查、敏感性检查和一致性检查；形成评估结论、建议以及评估报告。

2.2.5　中国生命周期数据库

目标和范围的确定是根据各个对象或者各阶段的关联程度决策评价对象及其寿命周期起止的范围。清单分析是 LCA 定量评估的核心环节，通过调查范围内的污染列表，分析其环境影响。清单分析中会用到量化的重要数据，即 LCA 数

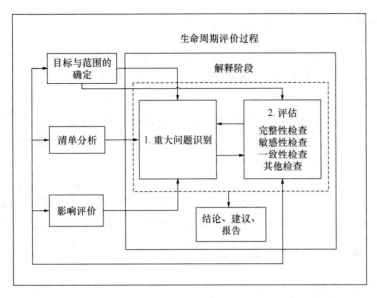

图 2-7　生命周期解释与生命周期评价其他阶段的关系

据库。LCA 数据库对各类中点环境影响指标的排放因子进行了研究，同时也研究了各类终点环境影响指标的评价体系。例如，碳排放因子是其中中点环境影响指标的一部分，评价对象是全球变暖这一环境影响。LCA 对每一项材料、能源等基本原料，从生产、运输、使用、后处理等全生命周期过程的碳排放进行研究，从而得到某一材料或能源的碳排放因子。在某项具体活动的产生中，通过活动所产生的水平数据，根据碳排放因子即可得到该项活动所产生的碳排放，即"全球变暖潜力值"。同理，其他类型的环境影响也通过排放因子法计算。目前国际上常用的 LCA 数据库是欧盟的 Ecoinvent[84]，但其主要针对欧洲，LCA 数据库存在地区生产水平差异这一问题。同时在影响评价阶段，不同地区的环境承受能力也是不同的，这些原因限制了 Ecoinvent 在中国的应用。

四川大学与亿科环境共同开发中国本地化的生命周期基础数据库，原料消耗数据主要来自行业统计资料或技术文献，主要排放物来自于国家污染源普查统计，部分排放物来自于化学平衡计算，并建立统一的数据收集指南，在数据开发过程中，按数据库指南要求，进行了完整性检查、物料平衡检查。并采用了基于敏感度和不确定度分析、从原始数据到计算结果的系统化、定量化数据质量评估与控制方法，逐渐建立和完善了中国生命周期数据库（Chinese Life Cycle Database，CLCD）。

CLCD 的建立与完善，解决了 LCA 中影响评价最主要的两个问题：符合国家生产水平的排放因子与适用本地承受能力的环境影响。

2.2.6　基于 LCA 的建筑碳排放计量标准

人类活动是人类为了生存发展和提升生活水平，不断进行的一系列不同规模不同类型的活动，同时也被认为是全球变暖的直接原因。国家发改委在《温室气体核算方法与报告核算指南（试行）》（以下简称《指南》）中定义活动水平数据为"量化导致温室气体排放或清除的生产或消费活动的活动量，例如每种燃料燃烧消耗量、净购入电量等"[85]。同时《指南》提出了活动水平数据乘以碳排放因子的核算法。

2014 年，中国工程建设标准化协会发布了《建筑碳排放计量标准》CECS 374—2014（以下简称《标准》）[86]，它是国内第一部碳排放核算的标准。城市轨道交通车站属于建筑，而区间亦可看做地下建筑（或高架）的一类型，该标准对城市轨道交通建设期的碳排放核算具有很强的指导意义。《标准》基于生命周期理论，提出如下步骤：

（1）界定建筑物的范围和区域；

（2）界定建筑碳排放单元工程；

（3）采集碳排放单元过程的活动水平数据；

（4）采集碳排放单元工程中的相关碳排放因子；

（5）按标准中规定的方法核算碳排放量。

这 5 个步骤分别对应了生命周期法中目标和范围的界定（1、2）、清单分析（3、4）、影响评价（5），其中提到单元工程符合建筑碳排放的阶段特征，是国内运用生命周期法计算环境影响的规范性模型。

《标准》中提出活动水平数据的采集方式包括仪表监测、资料查询、分析测算三种。施工建造过程中的活动水平数据包括材料使用量清单、能源消耗量清单和人材机运输清单。

《标准》提出，建造阶段的材料生产碳排放量计算公式如式（2-4）所示：

$$E_{sc} = \sum_{i=1}^{n} (AD_{ZTi} \cdot EF_{ZTi}) + \sum_{i=1}^{n} (AD_{WHi} \cdot EF_{WHi}) + \sum_{i=1}^{n} (AD_{TCi} \cdot EF_{TCi})$$

$$(2\text{-}4)$$

式中：E_{sc} 为材料生产阶段建筑碳排放量（$tCO_2 \, eq.$）；AD_{ZT} 为主体结构材料用量；EF_{ZT} 为主体结构材料碳排放因子；AD_{WH} 为围护结构材料用量；EF_{WH} 为围护结构材料碳排放因子；AD_{TC} 为填充体材料用量；EF_{TC} 为填充体材料碳排放因子；i 为材料种类。

《标准》中对建筑的材料生产阶段分为三个单元工程，即主体结构、围护结构、填充体，根据活动水平数据（材料用量）和碳排放因子，计算得到建筑材料生产阶段的碳排放量。

《标准》提出，施工建造过程中的碳排放量计算公式如式（2-5）所示：

$$E_{SG} = \sum_{i=1}^{n}(AD_{SGDi} \cdot EF_D) + \sum_{i=1}^{n}(AD_{SGYi} \cdot EF_Y) + \sum_{i=1}^{n}(AD_{SGMi} \cdot EF_M) +$$
$$\sum_{i=1}^{n}(AD_{SGQi} \cdot EF_Q) + \sum_{i=1}^{n}(AD_{SGQTi} \cdot EF_{QT}) + \sum_{i=1}^{n}(AD_{SGSHi} \cdot EF_{SH})$$

$$(2-5)$$

式中：E_{SG} 为施工阶段建筑碳排放量（tCO_2）；AD_{SGDi} 为施工阶段某单元工程的耗电量（kw·h）；EF_D 为电力碳排放因子（tCO_2/kw·h）；AD_{SGYi} 为施工阶段某单元工程的耗油量（t）；EF_Y 为燃油碳排放因子（tCO_2/t）；AD_{SGMi} 为施工阶段某单元工程的耗煤量（t）；EF_M 为燃煤碳排放因子（tCO_2/t）；AD_{SGQi} 为施工阶段某单元工程的耗燃气量（Nm^3）；EF_Q 为燃气碳排放因子（tCO_2/Nm^3）；AD_{SGQTi} 为施工阶段某单元工程的其他能源消耗量（tce）；EF_{QT} 为其他能源碳排放因子（tCO_2/tce）；AD_{SGSHi} 为施工阶段某单元工程的耗水量（t）；EF_{SH} 为水碳排放因子（tCO_2/t）；i 为单元过程种类。

2.3 综合评估模型

可持续发展的目标是促进经济、社会和环境积极联系的发展模式，因此可持续发展共包括三个组成部分：经济发展、社会发展和环境保护。这三部分相互依存且相辅相成。其中生态可持续，又是作为经济可持续和社会可持续的先决条件，因此量化环境影响就成为必要的目标。从 20 世纪 70 年代开始，可持续发展的思想逐渐形成。当时很多人都在寻找环境和负荷之间的一个平衡点。产业生态、生态效率、生态设计、X 倍数革命等，都是可持续发展的理论基础，生态效率是其中最能进行定量分析的方法之一[87]。1990 年，德国学者 Schaltegger 和 Sturn 首次在学术界提出生态效率的概念[88]。而生态效率最广为接受的定义是 1992 年由促进可持续发展世界商务协会（WBCSD）提出[89]，目的在于引导企业走可持续发展的道路。WBCSD 是由全世界几百家大型企业组成的联合组织，当生态效率被提出后，各大型企业就开始了应用研究：如巴斯夫集团、日本富士以及索尼公司，都制定了企业自身的生态效率实施规划。目前，国外很多企业已经从简单的效益评价走向企业整体的生态效率战略，形成了从产品设计、工艺、过程到企业整体的纵向梯度，力求将生态效率同企业的大决策以及具体生产过程联系起来，从生态效率评价走向生态效率管理。使生态效率成为开发者、企业决策者以及消费者共同的语言。

生态效率在各种废物回收系统中的应用也成为研究的热点。同时越来越多的学者开始将生态效率同宏观生态问题如全球变暖、食品安全等热点问题建立联系。生态效率问题与建筑业的联系也愈发密切，包括英国 BREEAM（Building

Research Establishment Environmental Assessment Method）、美国 LEED （Leadership in Energy and Environmental Design）、日本 CASBEE（Comprehensive Assessment System for Building Environmental Efficiency）等在内的全球八大绿色建筑评估体系，逐渐规范了生态效率在建筑领域的研究。

与国外不同，我国在企业层面开展的研究较少，主要源于企业及其产品尺度的数据较难获取。生态效率更多的是用于行业研究。而开展行业生态效率的研究，不在于指导具体企业的生产和管理，而是在对整个行业整体技术水平把握的基础上，探讨行业生态效率的背后驱动因素，从而在政策上、管理上、技术上对整个行业提出可行的生态效率策略方案。例如东南大学葛振波等人用数据包络分析法对我国建筑业进行生态效率研究，提出了许多有价值的建议[90]。

WBCSD 在提出生态效率概念的同时，给出了生态效率的计算方法如式（2-6）所示：

$$生态效率 = \frac{产品或服务的价值}{环境影响} \tag{2-6}$$

这一公式也称作"价值—影响"比值法。该方法通过对产品价值和某项环境负荷比较获得单一比值。该方法简洁地说明了价值和影响这生态效率的两极是如何对生态效率起作用的。这一理念最有代表性的应用是日本的 CASBEE 评估体系。

2.3.1 评价原则

（1）涵盖建筑全生命周期进行综合评估；

（2）采用建筑物环境质量与性能 Q（Building Environmental Quality）和建筑物环境负荷 L（Building Environmental Load）两轨评估制；

（3）基于新开发的评价指标，采用建筑物环境效率值 BEE（Building Environmental Efficiency）进行评估，即单位环境负荷的产品或服务的价值，评估建筑物对外环境产生负荷的影响，作为可持续建筑环境的评估基准。

2.3.2 评价方式

CASBEE 的中文翻译是建筑环境效率的综合评价系统。CASBEE 对建筑物的评价方式，首先是对建筑物的环境质量与性能 Q 和建筑物的环境负荷 L 分别进行评价，得出评分，再将其换算成 BEE 指标得出最终评价结果。具体到评价时，首先用 LR（Load Reduction）——建筑物环境负荷的降低，代替 L 进行评价。因为，当采用"建筑物的环境质量与性能 Q 得高分"作为评分标准时，它与"建筑物环境负荷的降低 LR 得高分"的增长趋势是一致的，而与"建筑物的环境负荷 L 得低分"的增长趋势相反。采用 LR 代替 L，使评价结果更加直观，更接近常人的思维习惯。对于 Q 值，主要评估"在一个假想的封闭空间（私有资产）中为使用者改善生活品质"，在评估基本工具中包括：Q1——室内环境；Q2——服务性能；Q3——室外环境。而 L 值则评估"假想的封闭空间对周边（公共资产）的负面环境影响"，在基本工具中包括：L1——能源；L2——资源、材料；L3——建筑用地外环境。其每个项目都含有若干小项。BEE 值通过式（2-7）计算：

$$BEE = \frac{Q}{L} = \frac{S_Q - 1}{5 - S_{LR}} \qquad (2-7)$$

　　BEE 值的分子为 Q，分母为 L。参评项目最终的 Q 或 LR 得分为各个子项得分乘以其对应权重系数的结果之和，得出 S_Q 与 S_{LR}，可以雷达图方式表示得分情况，而 BEE 值则可在以建筑环境性能、质量与建筑环境负荷为 x、y 轴的二元坐标系中表现出来，并可根据其所处位置评判出该建筑物的可持续性：优秀（Excellent）、很好（Very Good）、好（Good）、略差（Slightly Poor）、差（Poor），BEE 值分级见表 2-2。

BEE 值等级划分表　　　　　　　　　　表 2-2

等级	评语	BEE 值	图标
S	优秀（Excellent）	BEE≥3.0	★★★★★★
A	很好（Very Good）	3.0＞BEE≥1.5	★★★★★
B⁺	好（Good）	1.5＞BEE≥1.0	★★★★
B⁻	略差（Slightly Poor）	1.0＞BEE≥0.5	★★★
C	差（Poor）	BEE＜0.5	★★

2.3.3　评价步骤

（1）现状外部环境负荷 L 和内部环境品质 Q 的评价；

（2）通过 BEE 值综合评价现状环境效率（等级划分如图 2-8 所示）；

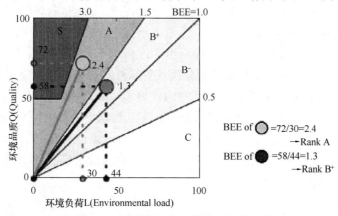

图 2-8　环境效率 BEE 的表示和分级图

（3）L、Q 的未来预测值和目标值的评价；

（4）未来 BEE 值的计算；

（5）比较现状与未来的 L、Q、BEE 值，解读未来改善的可能性。

2.3.4　评价过程

"CASBEE—建筑"和生命周期对应，由 CASBEE—企划、CASBEE—新建、CASBEE—现有、CASBEE—改修 4 个评价工具构成，设计的过程中，各阶段被活用。CASBEE 的评价内容包括 4 个方面：（1）能量消费（Energy Efficiency）；（2）资源再利用（Resource Efficiency）；（3）当地环境（Outdoor Environment）；（4）室内环境（Indoor Environment）。这四个方面共包括大约 80 个子项目。CASBEE 将这些子项目进行分类、重组，分别将它们划分到 Q 和 L 两大类别中，从而大大方便了建筑物环境效率的评估。"CASBEE—建筑"评价项目见表 2-3。

"CASBEE—建筑" 评价项目　　　　　　　　　　　　　　表 2-3

综合环境性能	分　项
自身的环境品质 Q（Quality）	Q1：室内环境（声、热、光、空气）； Q2：服务性能（功能性、耐用性、适应性）； Q3：室外环境（景观、地域特征）
给外部的环境负荷 L（Load）	L1：能源（设备供电）； L2：资源、材料（水、低环境负荷材料）； L3：建筑用地外环境

　　注：对于 L，用 LR（Load Reduction，称为环境负荷降低程度）来评价对减少环境负荷 L 所作努力的效果，LR 值越高越好，在计算 BEE 值时将 LR 换算成 L。Q 得分高、L 得分低为好

各评价项目均以 5 分为满分，分成 1、2、3、4、5 级进行评分，一般水平为 3 居中，最高为 5，最低为 1。然后，再各自分别按其权重系数加总求和。

用于综合功能建筑物的评价软件，由"评价表"和"评价结果显示表"构成。其评价顺序是，先用上述各功能建筑评价软件对被评价对象建筑所包含的功能区分别进行评价，在综合功能建筑物的评价表中，并列显示出各功能区的得分；然后根据各功能区的得分和建筑面积比率，按式（2-8）计算出整个建筑各评价项目的得分。

$$综合功能建筑物的得分 = \Sigma 各功能区的得分 \times 建筑面积比率 \qquad (2-8)$$

2.3.5　评价结果

在 CASBEE 评价结果图中[91]，中间部分是建筑物综合环境效率评价结果，

该软件用雷达图、柱状图等不同形式表示出 Q 和 LR 的结果,并用由 Q 和 L 组成的坐标系表示出根据 BEE 的值确定的建筑绿色标签等级。在评价结果显示表的下部还列出了与建筑物综合环境性能有关的其他重要评价项目,包括与建筑环境负荷有关的定量评价指标和设计程序评价。由于只有建筑竣工后才能获得这些指标信息,因此这一栏仅在施工设计与竣工阶段进行详细评价时输入。

CASBEE 拓展和完善是基于以下三个概念:第一,CASBEE 为评价建筑而设计,因此需要适应建筑生命周期的不同阶段;第二,基于将建筑环境负荷和建筑环境质量性能清晰区分开,并作为主要的评价目标;第三,为了使评估过程更加明朗,CASBEE 引用了建筑物环境效益 BEE 的概念,并用于表达建筑环境评价的所有结果。

为了定义 BEE 中的 Q 和 L 引入了"假想边界"的概念[92]。Q 为建筑物的环境质量与性能,代表对假想封闭空间内部建筑使用者生活舒适性的改善,L 为环境负荷,代表对假想空间外部公共区域的负面环境影响,假想封闭空间是指以用地边界和建筑最高点为界的三维封闭体系,CASBEE 将其作为建筑环境效率评价的范围,如图 2-10 所示。

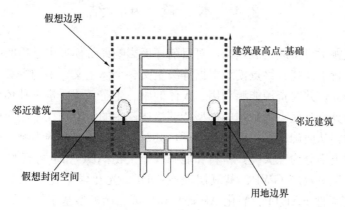

图 2-10　假想边界示意图

从公式"BEE=Q/L"中可以看出,分子 Q 越大、分母 L 越小时,BEE 越大,也就是代表该建筑的绿色性能越高。CASBEE 的具体评价指标如图 2-11 所示。CASBEE 对每一个子项目都规定了详尽的评价标准,并对各个评估细项进行评分,进行评估计算,最终得到评估结果 BEE 值。由于每个项目在建筑整体环境效率的提高方面所占的重要程度不同,因此各评估细项的得分需乘以事先确定的权重系数后才能将其相加,每类的权重归纳为 1.0[93]。

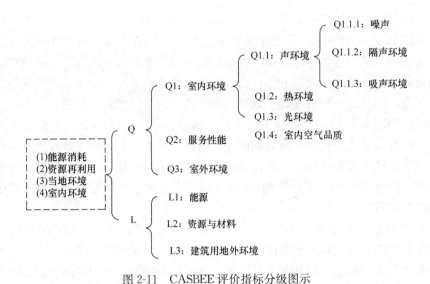

图 2-11　CASBEE 评价指标分级图示

2.4　本 章 小 结

　　本章回顾了可持续发展理论，对目前环境影响评价模型中常用的中点模型和终点模型进行了评述：终点模型根据等级主义、个体主义、平均主义三种观点将评价结果划分，并对资源能源利用、人体健康、生态系统质量三种环境损害类型进行评价计算。其优点为采用的模型能够描述产生的污染物在不同介质中的移动变化的规律，从而确定在长时间跨度下，其对生态系统毒性的影响。中点模型将环境影响的类别分为三大类：材料和能源（非生物 ADP 和生物资源 BDP）的消耗，污染（温室效应 GWP、臭氧层耗竭 ODP、光化学氧化 POCP、人类毒性HTP、生态毒性 FAETP、酸化 AP 等）和损害。该模型基于传统的生命周期评价中的特征化及标准化所采用的方法，利用中间点减少了人工确定模型的假设的数量和不易于操作的问题。能够客观明确地给出产品对目前所关注的重要环境问题的影响，有效地减少假设的数量和模型的复杂性。

　　生态效率法也称价值影响比值法，是通过对产品价值和某项环境影响负荷的比较获得单一环境影响比值，通过价值和影响两极反映产品对环境的作用。生态效率法在工程中的应用以日本 CASBEE 为代表，将建筑物的环境和性能 Q 和环境负荷 L 分别进行评价，再将其转换成 BEE 指标来进行评价。

　　本书内容是以生命周期评价方法和上述模型为基础，将其应用到城市轨道交通建设期的环境影响评价中。

第 3 章　基于定额的城市轨道交通工程
建设期环境影响评价

城市轨道交通工程是城市客运服务系统中最重要的基础设施之一，在其建设及运营过程中蕴含着大量的资源、能源消耗以及大量的固体废弃物和温室气体排放。温室气体虽然不是污染物，却是全球气温升高、气候异常的主要诱因，温室气体的排放也是国际社会关注的重要问题。目前，已有学者针对城市轨道交通运营期能耗及温室气体排放进行了相关研究，但针对建设期的相关研究相对匮乏。而建设期作为城市轨道交通生命周期的重要组成部分，具有建筑材料、施工机械高度密集的特点。有必要正确认识城市轨道交通土建工程建设期各项活动中产生的资源能源消耗，量化温室气体排放，为城市轨道交通建设温室气体减排及低碳规划与设计提供借鉴和指导。本章以明挖车站为例，选择温室气体排放作为环境影响目标，基于 LCA 方法，建立了车站在建设期的温室气体排放计算模型，并分析了温室气体排放的构成和影响因素。

3.1　基于 LCA 的明挖车站建设期温室气体排放计算模型

3.1.1　模型边界

1. 研究目标

城市轨道交通明挖车站土建工程建设生命周期温室气体排放计算，是对城市轨道交通明挖车站土建工程环境影响的一种预评估，旨在项目规划设计阶段对建设过程将会带来的环境影响（温室气体排放）进行定量估算，为规划设计人员和轨道交通投资决策者提供相应的决策依据。该方法的计算结果也可用于低碳地铁多方案的比选设计。

2. 范围界定

（1）地铁明挖车站土建工程建设生命周期界定

城市轨道交通明挖车站土建工程的全寿命周期阶段划分与建筑工程的全寿命周期阶段划分相类似，可以分为建筑产品（土建工程）物化阶段、运营维护阶段以及拆除回收阶段。其系统边界如图 3-1 所示。对城市轨道交通明挖车站土建工程生命周期的环境影响评价是对该系统边界内所有单元过程环境总影响的分析与评价。而城市轨道交通明挖车站土建工程建造阶段环境影响评价则可以理解为"城市轨道交通明挖车站生命周期评价"理论的组成部分，其定义为：城市轨道交通明挖车站土建工程，作为一种特殊的产品，在使用前其所有阶段过程活动中产生的环境影响的总和，包括原材料的获取、加工和运输、建材生产、现场施工生产等与城市轨道交通明挖车站土建工程建造有关的活动产生的直接和间接的环境影响，是一种从摇篮到门（from cradle to gate）的生命周期评价，其系统边界为图 3-1 中阴影部分。

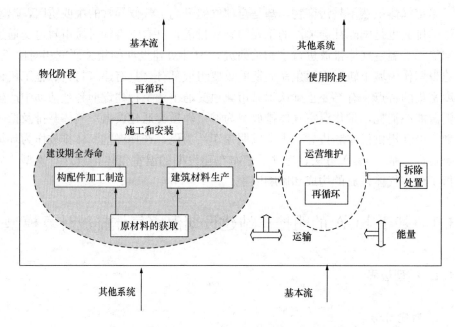

图 3-1　城市轨道交通土建工程建设期全寿命系统边界

简单地说，城市轨道交通明挖车站土建工程施工期的环境影响（温室气体排放）是城市轨道交通明挖车站土建工程在能够投入使用前，所引起的所有直接和间接环境影响（温室气体排放），主要包括以下几部分：1）城市轨道交通明挖车站土建工程建造过程中所用建材物化过程环境影响（包括原材料的采集、运输、工厂生产等环节）；2）城市轨道交通土建工程施工过程产生的直接和间接的环境影响。

（2）温室气体核算范围界定

政府间气候变化专业委员会（Intergovernmental Panel on Climate Change，IPCC）在 20 世纪末到 21 世纪 10 年代之间多次发布了有关气候变化的综合评估报告，共提到 9 类约 40 余种能够直接造成全球气候变暖的温室气体[94]。不同温室气体辐射特性不同，对全球气候变暖的影响程度有所不同。目前，国际上较为普遍的做法是以 CO_2 为基准，根据不同温室气体在一段时间内全球变暖潜值（Global Warming Potential，GWP）折算为 CO_2 当量，折算方式见公式（3-1）。因此，本章中的二氧化碳即二氧化碳当量，碳排放指温室气体排放。

$$CO_2\,eq_i = M_i \times GWP_i \tag{3-1}$$

式中：$CO_2\,eq_i$——第 i 种温室气体折算的当量二氧化碳排放量，单位为 kg-CO_2 eq.；

　　　　M_i——第 i 种温室气体的排放量，单位为 kg；

　　　GWP_i——第 i 种温室气体的全球变暖潜值，以 100 年的 CO_2 的 GWP 值为基准，单位为 kgCO_2 eq. /kg。

《京都议定书》中指出[95]，人类排放的温室气体主要有 6 种，分别为二氧化碳（CO_2）、甲烷（CH_4）、氧化亚氮（N_2O）、全氟化碳（PFCs）、氢氟碳化物（HFCs）和六氟化硫（SF_6）。这 6 种温室气体中，前三类为土木工程建设中的主要温室气体排放类型。另外，根据 IPCC 报告，一氧化碳（CO）是一种间接造成全球气候变暖的温室气体[94]，同时也是土木工程建设中大量产生的气体排放。因此，本章地铁车站土建工程建设的温室气体排放核算主要考虑二氧化碳、甲烷、氧化亚氮、一氧化碳 4 种温室气体，其各自的 GWP 值见表 3-1。

四种温室气体的 100 年 GWP 值（单位 kgCO_2 eq. ）　　　　表 3-1

温室气体	CO_2	CH_4	N_2O	CO
GWP 值	1	25	298	2

（3）物质能源系统边界

本研究考察的城市轨道交通明挖车站土建工程建设的物质系统边界包含建设过程中所需要的各类建筑材料以及由各类建材预制的建筑构件，如预制梁、柱等。建材生产过程中所需要的生产设备、水暖管道、空调设备、施工过程中采用的施工机械等的生产带来的物质损耗和环境影响不包含在系统边界内。

本研究考察的城市轨道交通明挖车站土建工程建设的能源边界包括一次能源（包括煤气、天然气、燃油等）和二次能源（汽油、柴油、液化石油气、电力等）。

3.1.2　模型构建

1. 明挖车站施工项目过程分解

明挖法是地铁车站设计施工中最常用的方法，具有施工作业面多、速度快、工期短、工程质量有保证、工程造价低等优点。根据主体结构施工顺序的不同，地铁车站明挖法又可分为明挖顺作法、盖挖顺作法、盖挖逆作法、盖挖半逆作法等。其中最具有代表性的是明挖顺作法，其总体施工流程为：围护结构施工→井点降水或基坑底土体加固→开挖上层土体设置上层支撑→开挖中间层土体→设置中间层支撑→最后开挖底层土体→浇筑底板混凝土结构→拆除中间层支撑→浇筑车站混凝土结构→拆除顶层支撑→浇筑车站顶板混凝土结构→回填土体等。

根据地铁明挖车站施工过程，结合工程概算定额，对地铁明挖车站土建工程进行项目分解与集成，如图 3-2 所示。一个地铁明挖车站可分解为多个分部分项工程和单元工序，各单元工序、分部分项工程的碳排放集成汇总后即为整个地铁明挖车站碳排放总量。

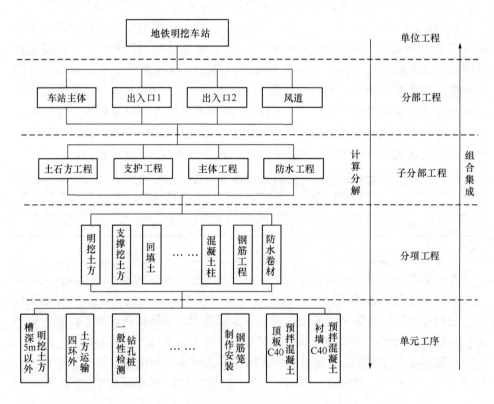

图 3-2 地铁明挖车站施工项目分级与集成

2. 工程量清单计碳模式

普通的碳排放计算通过分析汇总所有分部分项工程中所有施工建材消耗量、施工机械台班使用量及施工人员工日量，形成建材、机械和人工使用清单，再结合不同材料、机械以及人工的碳排放系数，得到碳排放量。这种传统的计算方式能够清晰有效地计算出土建工程建设过程中各种建材、机械以及人工所造成的碳排放。然而，这种方式在实际操作中也存在着一定的问题。

一方面，传统的碳排放计算方式清单分析工作量大，尤其是在项目前期，往往无法获得完整的建材、机械和人工使用清单，而是仅能获得针对分部分项工程的简略清单，若要在项目前期估算项目可能造成的碳排放几乎是无法操作。另一方面，项目前期规划设计阶段，规划设计人员面向的是墙体、楼板等建筑部件，而不是混凝土、钢筋、起重机等建筑材料和机械。规划设计人员对于碳排放的控制往往从建筑部件入手，而建筑材料和机械，采用传统的碳排放计算方式不够直观，可操作性较低。因此，本节考虑根据施工项目过程分解，结合工程概预算定额清单的方式及数据，构建以碳排放定额清单为基础的碳排放计算方式。

本节的工程量清单计碳模式借鉴概预算方式，以地铁车站建设单元工序为基本单位，将"碳"看作为一种货币，构建单元工序定额碳排放清单（对应概预算定额子目）及"综合碳排放系数"（对应概预算定额子目单价）。利用单元工序清单组建分部分项工程清单（对应概预算分部分项及措施项目工程量清单综合单价分析清单），计算分部分项工程综合碳排放系数（对应于概预算综合单价），并利用分部分项工程综合碳排放系数计算建设期碳排放量。这种计碳模式以建筑部件为单元计算，较传统碳排放计算方式更直观，便于设计阶段碳排放控制。另一方面，实际工程中，工程量清单与概预算过程一致，碳排放计算过程中统计工作量小；综合碳排放系数在一定时间内相对稳定，构建碳排放定额数据库并定期更新，可便于决策部门及设计单位长期使用。

各单元过程包括人工、材料以及机械三部分，本节以在城市轨道交通工程生产力发展平均水平条件下，结合施工单位的正常施工条件、合理的劳动组织、合理使用材料和机械，完成单位合格城市轨道交通土建工程产品过程中向外界排放的碳排放量，作为单位工程的综合碳排放系数，即利用城市轨道交通土建工程定额清单确定城市轨道交通土建工程碳排放定额清单。

各单元工序综合碳排放系数计算过程见式（3-2）。

$$C_m = \sum p C_{mat,i} + \sum q C_{mach,j} + r C_{hum} \tag{3-2}$$

式中：C_m——单元工序 m 的碳排放系数；

p、q、r——分别为完成单位单元工序所消耗的材料、机械、人工的数量；

$C_{mat,i}$——材料 i 的碳排放系数；

$C_{mach,j}$——机械 j 的碳排放系数；

C_{hum}——人工的碳排放系数。

以"车站混凝土及钢筋工程——柱"为例，其定额清单见表 3-2。

单元工序定额温室气体排放清单　　　　　　　　表 3-2

类别	名称	单位	数量	温室气体排放系数	合计
人工			r	C_{hum}	Σ
	综合工	工日	5.662	0.460	2.605
材料			p	$C_{mat,i}$	Σ
	圆钢 $D10$ 以内	kg	25.500	3.154	
	圆钢 $D10$ 以外	kg	234.000	3.154	
	镀锌低碳钢丝	kg	1.155	3.939	
	低碳钢焊条	kg	1.620	3.000	
	板枋材	m³	0.014	82.875	1210.775
	钢支撑	kg	3.630	3.744	
	钢模板	kg	4.754	3.000	
	普通预拌混凝土 C30	m³	1.020	346.950	
机械			q	$C_{mach,j}$	Σ
	混凝土输送车 30m³/h	台班	0.014	35.068	
	龙门式起重机 20t 以内	台班	0.125	165.887	
	电动卷扬机单筒慢速 10kN	台班	0.025	50.463	
	钢筋弯曲机 $D40$	台班	0.067	10.253	
	钢筋切断机 $D40$	台班	0.023	25.712	33.425
	钢筋调直机 $D40$	台班	0.025	9.532	
	木工圆锯机 $D500$	台班	0.001	19.224	
	对焊机 75kV·A	台班	0.02	98.443	
	交流电焊机（综合）	台班	0.101	73.584	
合计					1246.804

即每立方米车站混凝土及钢筋工程——柱的综合碳排放系数为 1246.804kg。其中，人工、材料、机械数量可以查询相关定额标准，碳排放系数参考本文所总结的数据库。

各分部分项工程中包含不同的单元工序，完成单位工程量分项工程所造成的碳排放包含完成相应工程量各单元工序所产生的碳排放。因此，在单元工序定额清单的基础上，可构建分项工程定额清单，计算完成单位分项工程的综合碳排放系数。

各单项工程综合碳排放系数计算过程见式（3-3）。

$$C_n = \Sigma_m Q_m C_m \tag{3-3}$$

式中：C_n——分项工程 n 的综合碳排放系数；

Q_m ——完成单位单项工程所需要的单元工序 m 的工程量。

以"机械成孔灌注桩"为例，完成单位工程量的钻孔灌注桩包含埋深钢护筒、回旋钻机钻孔、泥浆制作及运输、灌注混凝土等单元工序，各单元工序工程量见表 3-3 中"数量"列，各单元工序人、材、机、综合碳排放系数由单元工序定额清单确定，则机械成孔灌注桩定额清单及综合碳排放系数见表 3-3。

机械成孔灌注桩定额碳排放清单　　　　　　　　　　表 3-3

定额子目名称	单位	数量 Q_m	定额子目碳排放系数			
			人工 $C_{hum,m}$	材料 $C_{mat,m}$	机械 $C_{mach,m}$	综合 C_m
埋设钢护筒	10m	0.006	10.304	0.575	92.275	103.155
回旋钻机钻孔一、二类土	m	0.800	0.404	0.104	83.504	84.012
浆泥制作	m³	0.236	0.075	0.000	0.485	0.560
泥浆装运 5km 以内	m³	0.236	0.277	0.000	20.755	21.033
泥浆运输每增 1km	m³	2.360	0.000	0.000	2.990	2.990
灌注混凝土 C25	m³	0.785	0.421	352.538	0.000	352.959
凿除桩顶钢筋混凝土	m³	0.029	0.586	0.000	7.543	8.129
挖填土及运输 1km 旧路材料装运	100m³	0.000	0.290	0.000	204.828	205.118
挖填土及运输运增 1km	100m³	0.004	0.000	0.000	46.854	46.854
钻孔桩一般性检测	根	0.028	0.138	0.000	0.000	0.138
回旋钻机钻孔三类土	m	0.200	0.796	0.164	152.086	153.046
分部分项工程综合碳排放系数	—	—	0.979	276.862	110.321	388.162

地铁明挖车站可分解为诸多分部分项工程，各分部分项工程的碳排放构成了整个地铁明挖车站建设期碳排放。因此，地铁明挖车站建设期总碳排放根据式 (3-4) 计算。

$$E = \sum_h \sum_k \sum_n Q_n C_n \tag{3-4}$$

式中：Q_n ——分项工程 n 的工程量；

　　　k ——子分部工程 k，包括围护结构、土方工程、主体结构等；

　　　h ——分部工程 h，包括车站主体、出入口、安全口等；

$\sum_n Q_n C_n$ ——某分部工程内所有单元工序碳排放量。

3. 各施工要素碳排放

地铁车站施工要素主要包括人工、建材和施工机械三部分。将建设期碳排放按照施工要素划分，确定各施工要素产生的碳排放量，有助于深入认识地铁车站建设碳排放来源及构成比例，便于有针对性地采取减排措施。

（1）人工碳排放

地铁明挖车站建设期人工碳排放包括各分部分项人工碳排放，各分项工程人工碳排放通过各分项工程人工碳排放系数与相应工程量相乘而得。人工碳排放计算过程见式（3-5）、式（3-6）。

$$E_{\text{hum}} = \Sigma_h \Sigma_k \Sigma_n Q_n C_{\text{hum},n} \tag{3-5}$$

$$C_{\text{hum},n} = \Sigma_m Q_m C_{\text{hum},m} \tag{3-6}$$

式中：E_{hum} ——地铁明挖车站建设期人工碳排放；

　　　$C_{\text{hum},n}$ ——地铁明挖车站建设期分项工程人工碳排放系数；

　　　$C_{\text{hum},m}$ ——地铁明挖车站建设期单元工序人工碳排放系数。

（2）建材碳排放

地铁明挖车站建设期建材碳排放包括各分部分项建材碳排放。各分项工程建材碳排放通过各分项工程建材碳排放系数与相应工程量相乘而得。建材碳排放计算过程见式（3-7）、式（3-8）。

$$E_{\text{mat}} = \Sigma_h \Sigma_k \Sigma_n Q_n C_{\text{mat},n} \tag{3-7}$$

$$C_{\text{mat},n} = \Sigma_m Q_m C_{\text{mat},m} \tag{3-8}$$

式中：E_{mat} ——地铁明挖车站建设期建材碳排放；

　　　$C_{\text{mat},n}$ ——地铁明挖车站建设期分项工程建材碳排放系数；

　　　$C_{\text{mat},m}$ ——地铁明挖车站建设期单元工序建材碳排放系数。

（3）施工机械碳排放

地铁明挖车站建设期施工机械碳排放包括各分部分项机械碳排放，各分项工程施工机械碳排放通过各分项工程施工机械碳排放系数与相应工程量相乘而得。施工机械碳排放计算过程见式（3-9）、式（3-10）。

$$E_{\text{mach}} = \Sigma_h \Sigma_k \Sigma_n Q_n C_{\text{mach},n} \tag{3-9}$$

$$C_{\text{mach},n} = \Sigma_m Q_m C_{\text{mach},m} \tag{3-10}$$

式中：E_{mach} ——地铁明挖车站建设期机械工碳排放；

　　　$C_{\text{mach},n}$ ——地铁明挖车站建设期分项工程机械碳排放系数；

　　　$C_{\text{mach},m}$ ——地铁明挖车站建设期单元工序机械碳排放系数。

4. 生命周期各阶段碳排放

地铁车站土建工程建设期的碳排放主要来源于两个部分：建材物化阶段产生的碳排放、施工现场所产生的碳排放。地铁明挖车站土建工程建设期碳排放组成见式（3-11）。

$$E = E_{\text{mat}} + E_{\text{con}} \tag{3-11}$$

式中：E_{mat} ——建材物化阶段碳排放，单位为 $\text{kgCO}_2\text{eq.}$；

　　　E_{con} ——施工现场产生的碳排放，单位为 $\text{kgCO}_2\text{eq.}$。

Q_m——完成单位单项工程所需要的单元工序 m 的工程量。

以"机械成孔灌注桩"为例，完成单位工程量的钻孔灌注桩包含埋深钢护筒、回旋钻机钻孔、泥浆制作及运输、灌注混凝土等单元工序，各单元工序工程量见表 3-3 中"数量"列，各单元工序人、材、机、综合碳排放系数由单元工序定额清单确定，则机械成孔灌注桩定额清单及综合碳排放系数见表 3-3。

机械成孔灌注桩定额碳排放清单　　　　　表 3-3

定额子目名称	单位	数量 Q_m	定额子目碳排放系数			
			人工 $C_{hum,m}$	材料 $C_{mat,m}$	机械 $C_{mach,m}$	综合 C_m
埋设钢护筒	10m	0.006	10.304	0.575	92.275	103.155
回旋钻机钻孔一、二类土	m	0.800	0.404	0.104	83.504	84.012
浆泥制作	m³	0.236	0.075	0.000	0.485	0.560
泥浆装运 5km 以内	m³	0.236	0.277	0.000	20.755	21.033
泥浆运输每增 1km	m³	2.360	0.000	0.000	2.990	2.990
灌注混凝土 C25	m³	0.785	0.421	352.538	0.000	352.959
凿除桩顶钢筋混凝土	m³	0.029	0.586	0.000	7.543	8.129
挖填土及运输 1km 旧路材料装运	100m³	0.000	0.290	0.000	204.828	205.118
挖填土及运输运增 1km	100m³	0.004	0.000	0.000	46.854	46.854
钻孔桩一般性检测	根	0.028	0.138	0.000	0.000	0.138
回旋钻机钻孔三类土	m	0.200	0.796	0.164	152.086	153.046
分部分项工程综合碳排放系数	—		0.979	276.862	110.321	388.162

地铁明挖车站可分解为诸多分部分项工程，各分部分项工程的碳排放构成了整个地铁明挖车站建设期碳排放。因此，地铁明挖车站建设期总碳排放根据式（3-4）计算。

$$E = \sum_h \sum_k \sum_n Q_n C_n \qquad (3-4)$$

式中：Q_n——分项工程 n 的工程量；

　　　　k——子分部工程 k，包括围护结构、土方工程、主体结构等；

　　　　h——分部工程 h，包括车站主体、出入口、安全口等；

$\sum_n Q_n C_n$——某分部工程内所有单元工序碳排放量。

3. 各施工要素碳排放

地铁车站施工要素主要包括人工、建材和施工机械三部分。将建设期碳排放按照施工要素划分，确定各施工要素产生的碳排放量，有助于深入认识地铁车站建设碳排放来源及构成比例，便于有针对性地采取减排措施。

（1）人工碳排放

地铁明挖车站建设期人工碳排放包括各分部分项人工碳排放，各分项工程人工碳排放通过各分项工程人工碳排放系数与相应工程量相乘而得。人工碳排放计算过程见式（3-5）、式（3-6）。

$$E_{\text{hum}} = \sum_h \sum_k \sum_n Q_n C_{\text{hum},n} \tag{3-5}$$

$$C_{\text{hum},n} = \sum_m Q_m C_{\text{hum},m} \tag{3-6}$$

式中：E_{hum} ——地铁明挖车站建设期人工碳排放；

$C_{\text{hum},n}$ ——地铁明挖车站建设期分项工程人工碳排放系数；

$C_{\text{hum},m}$ ——地铁明挖车站建设期单元工序人工碳排放系数。

（2）建材碳排放

地铁明挖车站建设期建材碳排放包括各分部分项建材碳排放。各分项工程建材碳排放通过各分项工程建材碳排放系数与相应工程量相乘而得。建材碳排放计算过程见式（3-7）、式（3-8）。

$$E_{\text{mat}} = \sum_h \sum_k \sum_n Q_n C_{\text{mat},n} \tag{3-7}$$

$$C_{\text{mat},n} = \sum_m Q_m C_{\text{mat},m} \tag{3-8}$$

式中：E_{mat} ——地铁明挖车站建设期建材碳排放；

$C_{\text{mat},n}$ ——地铁明挖车站建设期分项工程建材碳排放系数；

$C_{\text{mat},m}$ ——地铁明挖车站建设期单元工序建材碳排放系数。

（3）施工机械碳排放

地铁明挖车站建设期施工机械碳排放包括各分部分项机械碳排放，各分项工程施工机械碳排放通过各分项工程施工机械碳排放系数与相应工程量相乘而得。施工机械碳排放计算过程见式（3-9）、式（3-10）。

$$E_{\text{mach}} = \sum_h \sum_k \sum_n Q_n C_{\text{mach},n} \tag{3-9}$$

$$C_{\text{mach},n} = \sum_m Q_m C_{\text{mach},m} \tag{3-10}$$

式中：E_{mach} ——地铁明挖车站建设期机械工碳排放；

$C_{\text{mach},n}$ ——地铁明挖车站建设期分项工程机械碳排放系数；

$C_{\text{mach},m}$ ——地铁明挖车站建设期单元工序机械碳排放系数。

4. 生命周期各阶段碳排放

地铁车站土建工程建设期的碳排放主要来源于两个部分：建材物化阶段产生的碳排放、施工现场所产生的碳排放。地铁明挖车站土建工程建设期碳排放组成见式（3-11）。

$$E = E_{\text{mat}} + E_{\text{con}} \tag{3-11}$$

式中：E_{mat} ——建材物化阶段碳排放，单位为 $\text{kgCO}_2\text{eq.}$；

E_{con} ——施工现场产生的碳排放，单位为 $\text{kgCO}_2\text{eq.}$。

（1）物化阶段碳排放

建材物化阶段产生的碳排放主要为原材料开采、原材料运输、建材生产等过程中资源能源消耗而产生的碳排放。根据前文建立的分项工程碳排放清单，物化阶段碳排放即包括清单中全部建筑材料碳排放总和。计算过程见式（3-12）。

$$E_{mat} = \sum_h \sum_k \sum_n Q_n C_{mat,n} \qquad (3-12)$$

（2）现场施工阶段碳排放

现场施工所产生的碳排放主要包含工人产生的碳排放以及施工机械产生的碳排放。结合前文建立的碳排放清单，现场施工阶段碳排放包括通过清单中人工碳排放、机械碳排放以及材料碳排放中的电能消耗（部分清单包含）所计算而得的碳排放。现场施工阶段计算过程见式（3-13）。

$$E_{tra,con} = E_{mach} + E_{hum} + E_{ele}（部分） \qquad (3-13)$$

式中：E_{ele}——材料碳排放中的电能消耗产生的碳排放（部分清单包含）。

3.1.3　清单分析

1. 能源碳排放系数

无论是建材生产阶段还是土建工程施工阶段，都存在着大量的能源消耗，并伴随着相应的环境污染。因此，建立能源生产和使用的生命周期清单分析数据库是开展生命周期评价的基础。

能源系统是一个复杂的系统，其生命周期包括能源生产、能源运输和能源的使用三个阶段，其中能源生产又包括初级能源生产和次级能源生产（图 3-3）。在生命周期各阶段的各项单元过程中均有大量的物质能源输入输出。由于本文的研究对象为温室气体排放，不需要对能源系统中消耗和产生的所有物质进行分析，建立完整的能源清单。目前比较普遍的做法是根据能源系统的各阶段的活动情况，确定单位质量能源所产生的二氧化碳排放量——能源二氧化碳排放系数，以进行碳排放核算。

（1）化石能源

目前，国内外检测机构、工业监管排放的国家机构、IPCC、DOE/EIA 等通过试验、统计、分析给出了不同能源的碳排放因子。王上[96]对比分析了不同机构给出的能源碳排放因子，发现由于测定方法、数据来源、试验条件的不同，不同的机构给出的同种能源碳排放因子有所不同。其中，IPCC 给出的碳排放因子数据是目前相对完善的碳排放数据库。本章将基于 IPCC 给出的碳排放因子，结合我国特定燃料、燃烧技术的国家排放因子，计算出适合我国的化石能源碳排放系数，计算过程可以用式（3-14）来表示，各类化石能源碳排放系数见表 3-4。

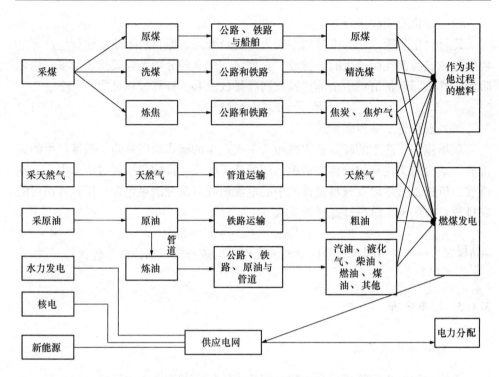

图 3-3 中国能源系统框架

$$K_{co_2,i} = K_{c,i} \times \eta_i \times Q_{net,i} \times 44/12 \qquad (3-14)$$

式中：$K_{co_2,i}$——第 i 类化石能源的二氧化碳排放系数，单位为 $kgCO_2$/单位。

$K_{c,i}$——IPCC 给出的第 i 类化石能源的碳排放因子，单位为 kgC/GJ。

η_i——第 i 类化石能源碳氧化因子，取自《省级温室气体清单编制指南》（发改办气候〔2011〕1041 号）。

$Q_{net,i}$——第 i 类化石能源的平均低位发热量，取自《综合能耗计算通则》GB/T 2589—2008，单位为 kJ/单位。

化石能源二氧化碳排放系数 表 3-4

能源 （单位）	IPCC 碳排放因子 （kgC/GJ）	碳氧化因子	平均低位发热量 （kJ/单位）	二氧化碳排放系数 （kgCO₂/单位）
原料煤（kg）	26.4	0.94	20908	1.90
焦炭（kg）	29.2	0.93	28435	2.83
汽油（kg）	19.1	0.98	43070	2.96
原油（kg）	20.0	0.98	41816	3.01
煤油（kg）	19.6	0.98	43070	3.03

能源 （单位）	IPCC 碳排放因子 （kgC/GJ）	碳氧化因子	平均低位发热量 （kJ/单位）	二氧化碳排放系数 （kgCO₂/单位）
柴油（kg）	20.2	0.98	42652	3.10
燃料油（kg）	21.1	0.98	41816	3.17
液化石油气（kg）	17.2	0.98	50179	3.10
天然气（m³）	15.7	0.99	38931	2.16
炼厂干气（kg）	15.3	1	46055	2.65

（2）电力能源

电力能源在使用过程中并不会产生温室气体排放，但作为二次能源，其生产过程中伴随着一定量的温室气体排放。因此，电力能源的碳排放系数是指其在生产等过程中的碳排放，电力能源的碳排放系数的大小与所处的国家或地区的发电形式密切相关。火力发电所占的比例越高，电力能源的碳排放系数越高。

为了既能反映不同地区电源结构特点，又便于确定区域电网的供电平均排放因子，《省级温室气体清单编制指南》（发改办气候〔2011〕1041 号）中将我国的省市及地区划分为华北区域、东北区域、华东区域、华中区域、西北区域、南方区域及海南 7 个区域，并给出了各区域电力碳排放系数，以 kgCO₂/kW·h 为单位（表 3-5）。

我国区域电网单位供电平均二氧化碳排放（2005）　　表 3-5

区域	覆盖省市	CO₂ 排放系数 kgCO₂/kW·h
华北区域	北京市、天津市、河北省、山西省、山东省、内蒙古西部地区	1.246
东北区域	辽宁省、吉林省、黑龙江省、内蒙古东部地区	1.096
华东区域	上海市、江苏省、浙江省、安徽省、福建省	0.928
华中区域	河南省、湖北省、湖南省、江西省、四川省、重庆市	0.801
西北区域	陕西省、甘肃省、青海省、宁夏、新疆	0.977
南方区域	广东省、广西壮族自治区、云南省、贵州省	0.714
海南	海南省	0.917

2. 建材碳排放系数

建筑材料物化过程中的温室气体排放通常可以通过相关研究机构及组织公布

的权威数据库、学术论文及行业年鉴、企业公开数据等途径获取。目前，国外一些发达国家的相关研究机构及组织已进行了长时间的研究，构建了较为全面而完整的建筑材料数据库。但国内相关系统研究及权威公开数据相对较少。基于此，本文建材清单数据将从国内公开的相关学术论文以及国家有关部门发布的统计年鉴中获取。考虑清单数据中与温室气体相关的输入输出，结合 GWP 便可得到不同建材的二氧化碳排放系数。

由于建材的排放清单是从不同研究文献中获取的，在计算过程中，不同的研究者在生命周期考查范围、能源统计方式等方面可能存在着一些差异。因此，在借鉴已有学术论文清单研究结果时考虑以下原则：①生命周期边界方面，将建材由摇篮到大门的过程分析结果作为清单结果，其他阶段碳排放不予考虑；②当能源统计方式不同时，优先选择以等价热值法计算的清单结果。根据以上原则，本节收集了木材、钢材、混凝土等地铁明挖车站建设过程中常用建材的清单数据。

(1) 木材规格材

木材是一种可再生资源，在生长过程中，树木能够通过光合作用将空气中的 CO_2 固定在树木之中，也称为"固碳作用"，而这种固化的 CO_2 远大于木材加工过程中的碳排放。因此，有部分学者认为在木材的整个生产过程中，其对环境的影响（温室气体排放）是正面的。考虑到目前我国的森林覆盖率低于世界平均水平，各地市推行退耕还林工程，肆意砍伐树木将导致森林资源的耗竭，只有合理化运用才能体现它的生态价值。因此，本节按最不利情况，采用文献[97]木材规格材的生产过程清单结果，不考虑树木的固碳作用，得到木材规格材的碳排放系数为 $82.875 \mathrm{kgCO_2 eq.} / \mathrm{m}^3$。

(2) 钢材

钢材在城市轨道交通土建工程的建设过程中有着大量的应用。而其生产工艺也较为复杂，包括铁矿石开采、铁矿石选矿、烧结、高炉炼铁、炼钢、浇铸及压力加工等工艺过程以及制氧、焦化及其他原料的制备等辅助工艺[98]，生产过程资源、能耗密集。其冶炼方法包括转炉和电炉炼钢两种。另外，从钢材的外观形式上讲，地铁车站建设过程中包含角钢、钢支撑、钢筋等多种形式。采用不同的炼钢工艺、不同形式的钢材，其单位质量的碳排放并不完全相同。

目前，在收集到的国内外已有研究清单结果中，燕艳[99]按照生产工艺和用途，将建筑用钢材大致归为大型钢材、中小型材、热轧钢筋、冷轧钢丝 4 类，分别计算了其单位质量能耗及 CO_2 排放量。其能耗计算采用了等价热值法，但考虑了钢材的回收，而因此需对钢材的回收做修正。基于此，以燕艳研究的钢材的碳排放系数为基础，对钢材回收修正后得到的不同类型钢材碳排放系数见表 3-6。

钢材单位能耗及碳排放系数　　　　　　　　表 3-6

钢材类型	单位能耗 (kJ/kg)	碳排放系数 (kgCO₂ eq. /kg)	适用范围
大型钢材	57265	3.744	型钢等
中小型材	46206	3.000	角钢、扁钢、钢模板、钢支架等
热轧钢筋	48437	3.154	螺纹钢、圆钢
冷轧钢丝	60101	3.939	冷拔钢丝

（3）混凝土

混凝土是土建工程建设过程中最为常见的建筑材料之一，也是用量最大的建筑材料。建筑用混凝土主要为预拌商用混凝土，其生命周期温室气体排放主要包括原材料生产碳排放、原材料运输碳排放、混凝土商品生产碳排放、混凝土运至施工现场的碳排放 4 部分。目前，国内许多学者针对混凝土生命周期的排放清单及其计算模型进行了研究，王帅[100]给出了 C30、C40、C50、C60、C80、C100共计 6 种强度的混凝土排放清单；李小东等[101]考虑了混凝土的拆除阶段，同样给出了上述 6 种强度的混凝土排放清单；俞海勇等[102]给出了 C20、C25、C30、C35、C40、C45、C50、C60 共 8 种强度的混凝土碳排放系数。考虑混凝土"摇篮到门"的生命周期范围、优先采用等价热值法计算的清单数据等因素，本节选用俞海勇给出的混凝土碳排放系数，见表 3-7。

预拌混凝土碳排放系数（单位：kgCO₂ eq. /m³）　　　　表 3-7

混凝土标号	碳排放系数	混凝土标号	碳排放系数
C20	239.19	C40	432.29
C25	289.44	C45	419.32
C30	346.95	C50	563.89
C35	382.11	C60	644.84

（4）其他建材

铁生产过程是钢材的生产过程的一部分，约有 72%～73% 的钢材生产能源消耗在炼铁以前的工序上[103]，因此，近似取中小型材清单数据的 73% 作为铁生产的清单数据，即铁的碳排放系数为 2.19kgCO₂ eq. /kg。

其他建材碳排放系数，根据相关文献[96,99,104]取值见表 3-8。

其他建材碳排放系数　　　　　　　　表 3-8

建材	单位	碳排放系数（kgCO₂ eq. /单位）
石灰	kg	1.2
碎石	kg	0.002

建材	单位	碳排放系数（kgCO_2eq./单位）
EPS	kg	17.07
PVC	kg	8.653
M7.5 水泥砂浆	kg	0.204
M10 水泥砂浆	kg	0.282
M20 水泥砂浆	kg	0.386

3. 人工碳排放系数

人工在地铁车站建设过程中是必不可少的，因而人工产生的碳排放在整个建设期碳排放中是不可或缺的一部分。实际施工过程中，施工人员驻扎在地铁建设项目基地，施工操作和日常生活均集中在以建设项目基地为中心的小范围内，因此，近似按照居民生活能源消费碳排放计算。

据有关研究，我国居民生活能源消费人均碳排放总量为 0.50t/年（2010年)[105]，则每人每工日碳排放量约为 0.46kg。

4. 施工机械碳排放系数

施工机械的碳排放是建设碳排放的主要来源之一。本节根据《全国统一施工机械台班定额》确定各种施工机械工作每台班所使用的动力燃料类型和用量，再对应汽油、柴油、电等能源的碳排放系数换算出施工机械每台班的碳排放系数，施工过程中常见施工机械碳排放系数见表 3-9。

不同施工机械碳排放系数　　　　　　　　　　表 3-9

机械	汽油 (kg/台班)	柴油 (kg/台班)	电 (kW·h/台班)	碳排放系数 (kgCO_2eq./台班)
电动夯实机 20—62kN·m	—		16.60	13.2966
电动卷扬机单筒慢速 10kN	—	—	63.00	50.463
电动空压机 10m³/min	—		403.20	322.9632
对焊机 75kV·A	—		122.90	98.4429
钢筋切断机 40mm	—		32.10	25.7121
钢筋调直机 40mm	—		11.90	9.5319
钢筋弯曲机 40mm	—		12.80	10.2528
混凝土输送车 30m³/h	—		43.78	35.06778

续表

机械	汽油 （kg/台班）	柴油 （kg/台班）	电 （kW·h/台班）	碳排放系数 （kgCO₂eq./台班）
混凝土输送泵车 45m³/h	—	—	58.36	46.74636
交流电焊机 30kV·A	—	—	87.20	69.8472
交流电焊机 32kV·A	—	—	96.53	77.32053
龙门式起重机 20t	—	—	207.10	165.8871
履带式单斗挖掘机 0.6m³	—	33.68	—	104.408
履带式起重机 25t	—	42.76	—	132.556
履带式起重机 5t	—	—	60.00	48.06
履带式推土机 105kW	—	59.11	—	183.241
履带式推土机 75kW	—	53.99	—	167.369
木工圆锯机 500mm	—	—	24.00	19.224
泥浆泵 100mm	—	—	234.60	187.9146
汽车式起重机 25t	—	40.73	—	126.263
汽车式起重机 40t	—	48.52	—	150.412
潜水泵 100mm	—	—	25.00	20.025
洒水车 4000L	29.96	—	—	88.6816
污水泵 100mm	—	—	125.00	100.125
振动压路机 10t	—	45.43	—	140.833
工程钻机 1500mm	—	—	190.72	152.7667

3.2　地铁明挖车站建设期碳排放计算及结果分析

本节将根据基于 LCA 的城市轨道交通明挖车站建设碳排放计算模型对北京市典型明挖车站进行实例评价分析，具体阐述城市轨道交通明挖车站土建工程建设期碳排放量化计算过程，分析比较各分部工程、分项工程、施工要素、建设期阶段中碳排放的差异性，识别影响最显著的部分。

3.2.1　工程概况

案例明挖车站为地下双层双柱三跨岛式车站。站台宽度为 12m。车站东西两端为盾构区间提供始发、接收条件。车站长 299.9m，标准段宽 21.1m。车站有效站台中心里程处顶板覆土厚度约 3.5m，轨顶埋深为 16.23m，底板埋深约 17.86m。车站主体采用明挖顺作降水施工。围护体系采用钻孔灌注桩＋钢支撑体系，围护结构钻孔桩均采用旋挖钻机施工。钢支撑上下设计三道，第一道钢支撑规格为 Φ609×14mm，间距 6m，第二、三道钢支撑规格为 Φ609×14，水平间距为 3m。车站明挖标准段结构形式及支撑布置如图 3-4 所示。

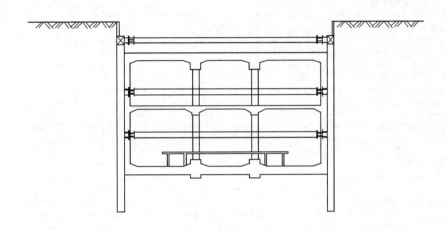

图 3-4　车站明挖标准段横断面示意图

车站共设置六个出入口。路北两个预留，路中及路南各设置两个，满足客流的通行。车站设两组风亭、三个安全疏散口。风亭均采用低矮敞口风亭。主体建筑面积为 13450m²。附属建筑面积为 8400m²，总建筑面积为 21850m²。

3.2.2　碳排放计算

1. 分部分项碳排放系数

结合明挖法施工过程、工程概预算过程，对地铁明挖车站明挖部分进行项目的集成与分解分析，厘清地铁明挖车站土建工程所包含的分部工程、子分部工程、分项工程以及单元工序（图 3-5）。其中，由于防水工程相关建材碳排放系数目前国内研究相对较少，难以获得较为可靠的碳排放系数，因此，本节计算时暂时不考虑防水工程产生的碳排放。

根据碳排放计算需要，计算相应各单元工序、分部分项工程定额清单及碳排放系数。由于单元工序碳排放的清单数据量众多，在此不一一罗列，仅列出由单元工序组建的主要分项工程综合碳排放系数，见表 3-10。

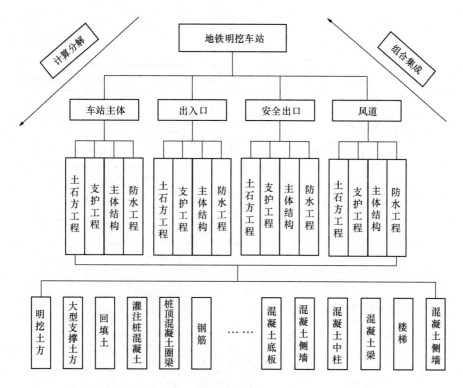

图 3-5 地铁明挖车站分解—集成

分部分项工程综合碳排放系数（单位：kgCO$_2$eq./单位） 表 3-10

分部分项	单位	人工	材料	机械	综合碳排放系数 （kgCO$_2$eq./单位）
机械成孔灌注桩	m	0.979	276.862	110.321	388.162
机械成孔灌注桩（中间桩）	m	1.164	398.840	115.589	515.592
桩间喷射混凝土	m^2	0.213	37.970	10.134	48.317
桩顶混凝土圈梁	m^3	0.748	295.229	8.608	304.585
桩顶混凝土挡墙	m^3	0.104	295.229	0.940	296.273
非预应力钢筋（机械灌注桩）	t	2.004	3273.970	293.365	3569.339
玻璃纤维筋（基坑围护桩）	t	3.643	3273.970	533.391	3811.004
非预应力钢筋（混凝土冠梁、锁口 圈梁、压顶梁、抗浮梁）	t	1.650	3304.240	82.887	3388.777
非预应力钢筋（混凝土挡墙）	t	1.650	3304.240	82.887	3388.777
拆除钢筋混凝土结构	m^3	1.603	1.200	50.266	53.069

续表

分部分项	单位	人工	材料	机械	综合碳排放系数 （kgCO₂eq./单位）
拆除马头门钢筋混凝土结构	m³	1.603	1.200	50.266	53.069
一般土石方	m³	0.058	0.000	1.097	1.155
大型支撑挖土石方	m³	0.045	0.000	6.246	6.292
回填土（普通土）	m³	0.065	0.000	1.340	1.405
回填土（灰土）	m³	0.258	290.400	1.339	291.997
垫层	m³	0.283	244.140	2.290	246.712
混凝土底板	m³	0.073	441.563	0.942	442.578
混凝土侧墙	m³	0.120	440.936	0.950	442.005
混凝土中层板 C40	m³	0.081	440.936	1.500	442.516
混凝土中层板 C45	m³	0.081	427.706	1.500	429.287
混凝土顶板 C40	m³	0.075	440.936	1.500	442.511
混凝土顶板 C45	m³	0.075	427.706	1.500	429.282
混凝土柱	m³	0.146	575.020	1.510	576.676
混凝土梁	m³	0.135	440.936	1.510	442.581
混凝土现浇站台板	m³	0.228	440.936	2.850	444.014
混凝土墙（站台板下墙体）	m³	0.526	440.936	28.180	469.642
轨顶风道混凝土	m³	0.824	438.774	4.540	444.138
混凝土楼梯	m³	0.135	107.147	4.026	111.308
非预应力钢筋（主体结构）	t	1.650	3304.240	82.887	3388.777
预埋铁件	kg	0.012	3.288	0.290	3.590
植筋 D14	根	0.119	2.031	2.380	4.530

2. 碳排放计算结果

案例明挖车站主要包括车站主体、C1 出入口、D1 出入口、C2 出入口、D2 出入口、1 号安全口、2 号安全口、3 号安全口、1 号风井、2 号风井等部分。结合各分项工程量及相应定额碳排放清单，计算各分部工程碳排放。以车站主体部分为例，其碳排放计算结果见表 3-11。

表 3-11

车站主体碳排放计算结果

项目名称	单位	工程量	碳排放系数（kgCO₂eq./单位）				人材机碳排放量（kgCO₂eq.）			总碳排放量（kgCO₂eq.）
			综合碳排放系数	人工	材料	机械	人工	材料	机械	
围护结构	—	—	—	—	—	—	21342.908	9440277.253	2075703.970	11537324.131
机械成孔灌注桩	m	13612.440	388.162	0.979	276.862	110.321	13327.306	3768760.812	1501737.727	5283825.844
机械成孔灌注桩（中间桩）	m	—	515.592	1.164	398.840	115.589	0.000	0.000	0.000	0.000
桩间喷射混凝土	m²	10674.560	48.317	0.213	37.970	10.134	2270.178	405316.032	108177.095	515763.305
桩顶混凝土圈梁	m³	473.900	304.585	0.748	295.229	8.608	354.524	139908.928	4079.224	144342.676
桩顶混凝土挡墙	m³	987.300	296.273	0.104	295.229	0.940	102.640	291479.394	928.062	292510.096
非预应力钢筋（机械灌注桩）	t	1231.000	3569.339	2.004	3273.970	293.365	2466.629	4030257.070	361132.106	4393855.804
玻璃纤维筋（车站基坑围护桩）	t	9.240	3811.004	3.643	3273.970	533.391	33.663	30251.483	4928.529	35213.675
非预应力钢筋（混凝土冠梁、锁口圈梁、压顶梁）	t	233.792	3388.777	1.650	3304.240	82.887	385.804	772504.878	19378.312	792268.994
非预应力钢筋（混凝土挡墙）	t	0.000	3388.777	1.650	3304.240	82.887	0.000	0.000	0.000	0.000
拆除钢筋混凝土结构	m³	1461.200	53.069	1.603	1.200	50.266	2341.778	1753.440	73448.887	77544.105
拆除马头门钢筋混凝土结构	m³	37.680	53.069	1.603	1.200	50.266	60.387	45.216	1894.028	1999.632
明挖土方	—	—	—	—	—	—	7982.754	1008559.200	710768.669	1727310.623
挖一般土石方	m³	14970.230	1.155	0.058	0.000	1.097	867.675	0.000	16423.639	17291.313
大型支撑挖土石方	m³	105547.770	6.292	0.045	0.000	6.246	4777.181	0.000	659917.174	664694.355

续表

项目名称	单位	工程量	碳排放系数（kgCO$_2$eq./单位）				人材机碳排放量（kgCO$_2$eq.）			总碳排放量（kgCO$_2$eq.）
			综合碳排放系数	人工	材料	机械	人工	材料	机械	
填方（普通土）	m³	22227.200	1.405	0.065	0.000	1.340	1441.656	0.000	29776.446	31218.102
填方（灰土）	m³	3473.000	291.997	0.258	290.400	1.339	896.242	1008559.200	4651.410	1014106.852
主体结构	—	—	—	—	—	—	10826.876	24030647.099	418947.129	24460421.104
垫层	m³	974.860	246.712	0.283	244.140	2.290	275.788	238001.882	2232.161	240509.831
混凝土底板	m³	5445.940	442.578	0.073	441.563	0.942	398.066	2404724.515	5130.075	2410252.656
混凝土侧墙	m³	5177.760	442.005	0.120	440.936	0.950	619.260	2283059.748	4918.872	2288597.880
混凝土中层板	m³	2483.420	442.516	0.081	440.936	1.500	199.915	1095028.784	3725.130	1098953.830
混凝土中层板	m³	20.260	429.287	0.081	427.706	1.500	1.631	8665.332	30.390	8697.353
混凝土顶板	m³	5277.190	442.511	0.075	440.936	1.500	398.111	2326901.994	7915.785	2335215.891
混凝土顶板	m³	40.510	429.282	0.075	427.706	1.500	3.056	17326.386	60.765	17390.207
混凝土柱	m³	597.630	576.676	0.146	575.020	1.510	87.146	343649.082	902.421	344638.650
混凝土梁	m³	249.500	442.581	0.135	440.936	1.510	33.628	110013.482	376.745	110423.855
混凝土梁	m³	741.600	442.581	0.135	440.936	1.510	99.953	326997.989	1119.816	328217.758
混凝土现浇站台板	m³	512.100	444.014	0.228	440.936	2.850	116.605	225803.223	1459.525	227379.353

续表

项目名称	单位	工程量	碳排放系数（kgCO$_2$eq./单位）				人材机碳排放量（kgCO$_2$eq.）			总碳排放量（kgCO$_2$eq.）
			综合碳排放系数	人工	材料	机械	人工	材料	机械	
混凝土墙（站台板下墙体）	m³	285.920	469.642	0.526	440.936	28.180	150.463	126072.364	8057.226	134280.052
轨顶风道混凝土	m³	502.000	444.138	0.824	438.774	4.540	413.578	220264.724	2279.080	222957.381
混凝土楼梯	m²	78.500	111.308	0.135	107.147	4.026	10.626	8411.071	316.011	8737.708
非预应力钢筋（主体结构）	t	4315.182	3388.777	1.650	3304.240	82.887	7120.931	14258396.972	357672.387	14623190.289
预埋铁件	kg	4500.000	3.590	0.012	3.288	0.290	54.772	14796.000	1305.940	16156.712
植筋	根	520.000	2.767	0.080	1.007	1.680	41.716	523.514	873.600	1438.830
植筋	根	520.000	3.113	0.090	1.133	1.890	46.931	588.953	982.800	1618.684
植筋	根	520.000	3.459	0.100	1.258	2.100	52.146	654.392	1092.000	1798.538
植筋	根	520.000	4.530	0.119	2.031	2.380	62.001	1056.212	1237.600	2355.812
植筋	根	520.000	7.684	0.139	3.015	4.530	72.095	1567.916	2355.600	3995.611
植筋	根	520.000	7.455	0.159	2.766	4.530	82.548	1438.350	2355.600	3876.498
植筋	根	520.000	8.839	0.180	3.819	4.840	93.360	1986.137	2516.800	4596.297
植筋	根	520.000	11.217	0.201	5.116	5.900	104.554	2660.210	3068.000	5832.764
植筋	根	520.000	14.222	0.235	7.557	6.430	121.992	3929.632	3343.600	7395.224
植筋	根	520.000	22.910	0.319	15.631	6.960	166.005	8128.236	3619.200	11913.441

将各安全口、各出入口、各风井碳排放计算结果合并，得到计算结果见表 3-12、图 3-6、图 3-7。明挖车站土建工程建设共产生碳排放约 54612t。其中车站主体共产生碳排放约 37725t，平均每建筑平方米碳排放约 2.8t；附属结构共产生碳排放 16887.265t，平均每建筑平方米碳排放约 2.01t。

分部工程碳排放（单位：tCO_2 eq.）　　　　　　　　表 3-12

分部工程	车站主体	出入口	安全口	风井	合计
围护结构	11537.324	2319.489	1493.796	2090.360	17440.968
明挖土方	1727.311	251.568	145.605	254.917	2379.401
主体结构	24460.421	5586.366	1359.951	3385.214	34791.952
合计	37725.056	8157.422	2999.352	5730.490	54612.321

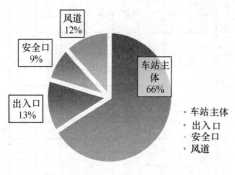

图 3-6　分部工程碳排放比例饼状图

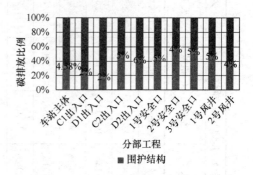

图 3-7　分部工程碳排放比例柱状图

在明挖车站建设期，主体结构碳排放占总量碳排放的比重最高（66%），这主要是因为主体结构工程量大，资源、能源密集，因此，地铁车站建设减排控制应重点考虑车站主体结构。

对于各分项工程（车站主体、安全出口、风井、出入口等），围护结构、明挖土方、主体结构三个子分项工程中，围护结构及主体结构碳排放量占各分项工程碳排放的主体，而土石方工程碳排放占比均不足 5%。这主要是由于土方工程施工机械台班使用量大，但建材输入相对较少，除回填灰土外，其他土方工程所包含的其他分项工程几乎没有建材输入；而围护结构及主体结构中，除一定量的机械台班使用外，还包含大量的建材输入，尤其是混凝土和钢筋。

3.2.3　结果分析

1. 基于分部分项工程的碳排放计算结果

鉴于车站主体部分碳排放约占明挖车站总体碳排放 60% 以上，为地铁明挖车站建设碳排放的主要来源，以下将主要针对车站主体部分碳排放进行相关分析。车站主体部分各子分部工程碳排放定量计算结果见表 3-13、图 3-8。

车站主体碳排放计算结果（单位：$tCO_2\,eq.$）　　表 3-13

子分部工程	围护结构	明挖土方	主体结构	合计
碳排放	11537.3241	1727.311	24460.421	37725.05586
百分比	30.58%	4.58%	64.84%	100.00%

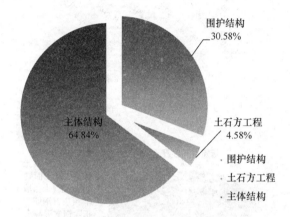

图 3-8　车站主体碳排放比例

结果表明，主体结构碳排放量最高，占车站主体碳排放量的 65%；其次为围护结构碳排放，约占 31%；明挖土方碳排放仅占 4% 左右。

（1）围护结构碳排放

对围护结构碳排放进行深入分析，围护结构各分项工程碳排放计算结果见表 3-14、图 3-9、图 3-10。

围护结构各分项工程碳排放（单位：$tCO_2\,eq.$）　　表 3-14

分项工程	人工	材料	机械	合计
机械成孔灌注桩	13.327	3768.761	1501.738	5283.826
桩间喷射混凝土	2.270	405.316	108.177	515.763
桩顶混凝土圈梁	0.355	139.909	4.079	144.343
桩顶混凝土挡墙	0.103	291.479	0.928	292.510
非预应力钢筋	2.886	4833.013	385.439	5221.338
拆除钢筋混凝土结构	2.402	1.799	75.343	79.544
拆除马头门钢筋混凝土结构	0.060	0.045	1.894	2.000

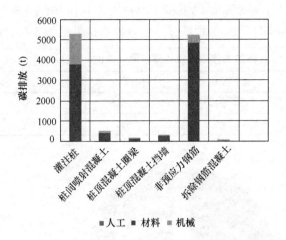

图 3-9 围护结构单元工序碳排放值

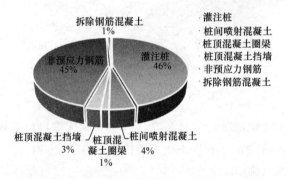

图 3-10 围护结构单元工序碳排放比例

结果表明，分项工程非预应力钢筋和灌注桩施工碳排放占据了围护结构碳排放的主体，其余分项工程碳排放之和不足围护结构总碳排放的 10%。其中，非预应力钢筋碳排放量占围护结构碳排放总量的 46%。从碳排放系数角度来看，虽然单位质量钢筋的碳排放系数并不高，仅为 $3.154\mathrm{kgCO_2eq./kg}$，但整个围护结构中钢筋的工程量与其他相比较高，因此，单元工序非预应力钢筋的碳排放量在围护结构总碳排放量中较高。另外，灌注桩施工碳排放 5283kg，约占围护结构总碳排放的 46%。这主要是由灌注桩施工中所输入的建材——混凝土碳排放系数较高引起的。

（2）土石方工程碳排放

对土石方工程碳排放进行深入分析，土石方工程各分项工程碳排放计算结果见表 3-15、图 3-11、图 3-12。

土石方工程各分项工程碳排放（单位：tCO$_2$ eq.）　　　表 3-15

分项工程	人工	材料	机械	合计
挖一般土石方	0.868	0.000	16.424	17.291
大型支撑挖土石方	4.777	0.000	659.917	664.694
回填土（普通土）	1.442	0.000	29.776	31.218
回填土（灰土）	0.896	1008.559	4.651	1014.107

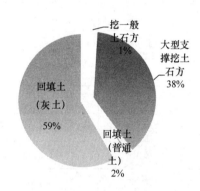

图 3-11　土石方工程分项
工程碳排放比例

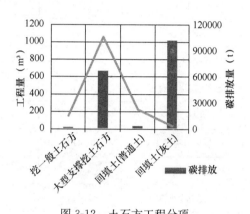

图 3-12　土石方工程分项
工程碳排放及工程量

结果表明，大型支撑挖土方和回填灰土方产生的碳排放占据了土方工程碳排放的主体，其余分项工程碳排放之和仅为土方工程碳排放的 3%。其中，大型支撑挖土石方碳排放量占土方工程碳排放量的 38%，这主要由两方面原因造成：一方面，大型支撑挖土石方工程施工机械密集，能源消耗量大，根据定额碳排放清单，大型支撑挖土石方综合碳排放系数较大，即完成单位工程量的支撑开挖所蕴含的碳排放较高；另一方面，大型支撑挖土石方工程量大，为挖一般土石方的 7.05 倍，回填素土的 4.7 倍。与大型支撑挖土石方不同，回填灰土的工程量最小，仅为挖一般土石方的 23.2%，大型支撑挖土石方的 3.3%，回填素土的 15.6%，但其产生的碳排放占总碳排放的 59%。究其原因，在于回填灰土过程中存在着石灰的大量输入，导致相应单元工序碳排放系数大，并最终导致分项工程碳排放量大。

（3）主体结构碳排放

对主体结构碳排放进行深入分析，主体结构各分项工程碳排放计算结果见表 3-16、图 3-13、图 3-14。

主体结构各分项工程碳排放（单位：tCO_2 eq.）　　　　表 3-16

分项工程	人工	材料	机械	碳排放
垫层	0.276	238.002	2.232	240.510
混凝土底板	0.398	2404.725	5.130	2410.253
混凝土侧墙	0.619	2283.060	4.919	2288.598
混凝土中层板	0.202	1103.694	3.756	1107.651
混凝土顶板	0.401	2344.228	7.977	2352.606
混凝土柱	0.087	343.649	0.902	344.639
混凝土梁	0.134	437.011	1.497	438.642
混凝土现浇站台板	0.117	225.803	1.460	227.379
混凝土墙	0.150	126.072	8.057	134.280
轨顶风道混凝土	0.414	220.265	2.279	222.957
混凝土楼梯	0.011	8.411	0.316	8.738
非预应力钢筋	7.121	14258.397	357.672	14623.190
预埋铁件	0.055	14.796	1.306	16.157
植筋	0.843	22.534	21.445	44.822

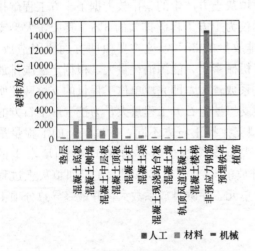

图 3-13　主体结构分项工程碳排放

结果表明，非预应力钢筋碳排放明显高于其他分项工程碳排放量，这与围护结构相类似，是由于非预应力钢筋工程量明显偏高引起的。除非预应力钢筋外，分项工程中碳排放比例相对较高的主要包括混凝土侧墙、底板、中板、顶板、柱和梁，其他分项工程碳排放之和不足总量的 3%。因此，考察影响因素对主体结构碳排放影响时，可主要考虑对非预应力钢筋、混凝土侧墙、底板、中板、顶板、柱及梁的影响。

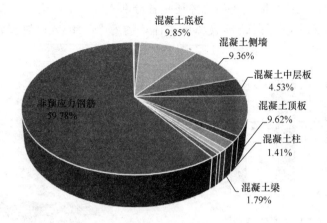

图 3-14　主体结构分项工程碳排放比例

2. 基于施工要素的碳排放计算结果

将建设期碳排放按照施工要素划分，确定各施工要素产生的碳排放量，有助于深入认识地铁车站建设碳排放来源及构成比例，便于有针对性地采取减排措施。计算得车站主体、C1 出入口、D1 出入口、C2 出入口、D2 出入口、1 号安全口、2 号安全口、3 号安全口、1 号风道、2 号风道等部分各施工要素碳排放，见表 3-17。

基于施工要素碳排放（单位：tCO₂ eq.）　　　表 3-17

分部工程	人工	材料	机械	合计
车站主体	40.153	34479.484	3205.420	37725.056
C1 出入口	2.963	2708.467	163.101	2874.531
D1 出入口	2.740	2418.725	148.647	2570.112
C2 出入口	2.103	1290.937	141.298	1434.338
D2 出入口	1.918	1150.654	125.869	1278.441
1 号安全口	1.334	798.706	86.937	886.977
2 号安全口	1.662	910.611	116.273	1028.546
3 号安全口	1.642	967.658	114.530	1083.829
1 号风道	1.843	889.443	120.468	1011.754
2 号风道	5.893	4292.837	420.007	4718.736

结果表明，无论是明挖车站总体还是各分部工程，不同施工要素碳排放占比相类似：建材碳排放占据碳排放总量主体，约 89%～93%；机械碳排放其次；人工碳排放不足 0.2%，如图 3-15、图 3-16 所示。

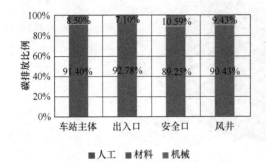

图 3-15　基于施工要素的
碳排放比例柱状图

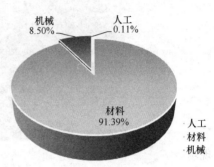

图 3-16　基于施工要素的
碳排放比例饼状图

鉴于车站主体部分为地铁明挖车站建设碳排放的主要来源，以下主要针对车站主体部分碳排放进行相关分析。根据公式（3-5）～公式（3-10）对车站主体各施工要素碳排放计算结果见表 3-18、图 3-17、图 3-18。

车站主体各施工要素碳排放（单位：$tCO_2 eq.$）　　　　　表 3-18

子分部工程	人工	材料	机械	合计
围护结构	21.343	9440.277	2075.704	11537.324
土石方工程	7.983	1008.559	710.769	1727.311
主体结构	10.827	24030.647	418.947	24460.421
合计	40.153	34479.484	3205.42	37725.056

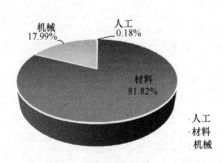

图 3-17　车站主体基于施工要素的
碳排放比例饼状图

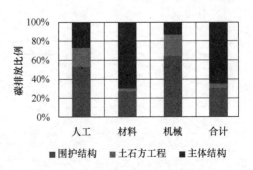

图 3-18　车站主体基于施工要素的
碳排放比例柱状图

　　结果表明，建材碳排放占据车站主体碳排放总量主体，约82%；不同施工要素碳排放中，各子分项工程所占比例不同。对于人工碳排放，围护结构所占比例最高，表明与其他单元工序相比，围护结构过程人工密集。对于材料碳排放，主体结构所占比例最高，土石方工程所占比例最小，这是由主体结构建设中建材密集，而土石方工程过程中建材输入较少造成的。对于机械碳排放，围护结构所占比例最高，土石方工程次之，主体结构比例最低，这与围护结构施工、土石方工程过程中施工机械使用强度高的特点相吻合。

　　3. 基于阶段划分的碳排放计算结果

　　地铁车站土建工程建设期的碳排放主要来源于建材物化阶段产生的碳排放及现场施工所产生的碳排放。根据各施工要素碳排放计算结果及公式（3-11）～公式（3-13），确定阶段碳排放定量计算结果，见表3-19。

基于阶段划分的碳排放计算结果（单位：tCO₂ eq.）　　表3-19

分部工程	物化阶段		施工阶段		合计
	碳排放量	比重	碳排放量	比重	
车站主体	34479.484	91.40%	3245.572	8.60%	37725.056
C1 出入口	2708.467	94.22%	166.064	5.78%	2874.531
D1 出入口	2418.725	94.11%	151.387	5.89%	2570.112
C2 出入口	1290.937	90.00%	143.401	10.00%	1434.338
D2 出入口	1150.654	90.00%	127.787	10.00%	1278.441
1 号安全口	798.706	90.05%	88.271	9.95%	886.977
2 号安全口	910.611	88.53%	117.935	11.47%	1028.546
3 号安全口	967.658	89.28%	116.171	10.72%	1083.829
1 号风道	889.443	87.91%	122.311	12.09%	1011.754
2 号风道	4292.837	90.97%	425.900	9.03%	4718.736
合计	49907.522	91.39%	4704.800	8.61%	54612.321

结果表明，无论是明挖车站总体还是各分部工程，不同阶段碳排放占比相类似：物化阶段碳排放占据碳排放总量主体，约 88%～94%，施工阶段碳排放约占 6%～12%，如图 3-19 所示。可见，建材物化阶段是地铁明挖车站建设碳排放的主要来源。

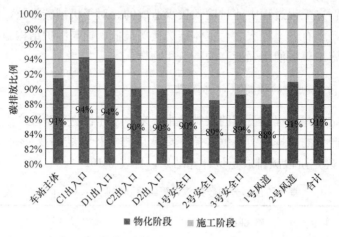

图 3-19　基于阶段划分的碳排放比例

3.3　埋深及车站宽度对地铁明挖车站建设期碳排放影响分析

结合案例分析结果，在地铁明挖车站建过程中，由于车站主体工程量远高于其他各附属结构，其建设过程碳排放量也远高于其他附属结构，是地铁车站建设减排控制的重点考虑对象。因此，本节将针对地铁明挖车站建设期碳排放的主要来源——车站主体，研究地铁明挖车站设计中常用参数（车站埋深、车站宽度）对车站主体建设碳排放量的影响。

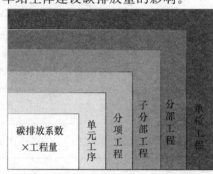

图 3-20　建设期碳排放计算本质

3.3.1　地铁明挖车站建设期碳排放影响因素选择

根据本书第 3 章所建立的计算框架，地铁明挖车站建设碳排放计算的本质是定额碳排放系数与其相应工程量的结合（图 3-20）。地铁明挖车站主体主要包括土石方工程、围护结构及主体结构三个子分项工程，各影响因素通过影响各个子分部工程及其内含的分项工程的工程量来影响地铁车站建设碳排放。这些常见的可量化影响因素主要包括埋深、车站宽度、车站高度、车站长度等，部分因素影响子分项工程车站长度每延米工程量，部分影响因素直接对子分项工程总工程量产生影响，见表3-20。

碳排放影响因素分析　　　　　　　　　表 3-20

子分项工程	埋深	车站宽度	车站高度	车站长度
土石方工程	√	√	√	△
围护结构	√	△	√	△
主体结构	√	√	√	△

注：√——影响因素影响该子分项工程每延米工程量；

　　△——影响因素影响该子分项工程总工程量。

其中，车站高度与车站层数有关。在规划设计阶段，车站层数主要由车站性质及具体工程条件所决定，不易改变。当车站截面形式确定时，车站总工程量随车站长度基本呈线性变化。因此，本节主要考虑对各子分项工程车站长度每延米工程量产生影响的因素（车站埋深、车站宽度）对地铁明挖车站建设期碳排放的影响。

3.3.2　顶板埋深对地铁车站建设期碳排放影响分析

1. 埋深范围及结构形式选取

由于城市轨道交通工程作为建设项目具有不可复制性，不同的工程条件对应不同的工程设计，不存在完全相同的两个工程。因此，研究过程中将以实际工程中典型的结构形式及尺寸，通过定量与定性相结合的方法对车站建设碳排放影响因素进行分析。

本节研究将基于北京地铁某标准站进行分析与研究。所选取的明挖标准站为地下双层单柱双跨结构，车站长 299.9m，站台宽 11m，标准段宽 21.1m，建筑面积约为 12970m^2。车站断面基本尺寸如图 3-21 所示。车站范围内地质条件见表 3-21。

车站地质条件　　　　　　　　　　　表 3-21

土类名称	层厚 (m)	重度 (kN/m^3)	浮重度 (kN/m^3)	黏聚力 (kPa)	内摩擦角 (°)	与锚固体摩阻力 (kPa)	水下黏聚力 (kPa)	水下内摩擦角 (°)
杂填土	3	19	—	10	10	0.1	—	—
黏性土	3.4	19.7	—	37	15	60	—	—

续表

土类名称	层厚 (m)	重度 (kN/m³)	浮重度 (kN/m³)	黏聚力 (kPa)	内摩擦角 (°)	与锚固体摩阻力 (kPa)	水下黏聚力 (kPa)	水下内摩擦角 (°)
粉土	2.8	19	—	16	22	30	—	—
卵石1	2.8	22	—	0	45	220	—	—
卵石2	10.6	23	13	0	52	260	0	42
强风化岩	8.2	23.4	13	—	—	220	300	45
中风化岩	0.9	22.1	12.1	—	—	110	25	40

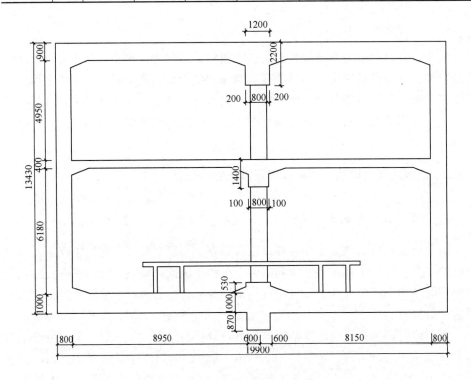

图 3-21 车站断面基本尺寸（单位：mm）

本节所考虑的车站埋深为顶板埋深。根据文献[106]，地铁明挖车站较为常见的顶板埋深为 2~4m，当埋深超过约 9.5m 时与暗挖法相比则缺乏经济性。综合考虑工程实际，本节考虑埋深变化范围为 2~6m。

根据地铁明挖车站施工项目过程分解，地铁明挖车站包括土石方开挖、围护结构、主体结构、防水工程等子分项工程，由于防水工程中涉及的建材其碳排放系数不易获取，因此，本节主要针对土石方工程、围护结构和主体结构三部分考虑埋深对碳排放的影响。

2. 埋深对土石方工程碳排放的影响

土石方工程碳排放主要包括明挖土方、大型支撑挖土方和土方回填三个分项工程中的碳排放。当车站顶板埋深由 2m 增加至 6m 时，若车站主体结构形式及高度不变（13.43m），则基坑开挖深度由 15.63m 增加至 19.63m（顶板埋深＋结构高度＋混凝土垫层厚度）。若基坑开挖时第一道支撑的位置不变，则一般挖土方深度不变，埋深变化只引起大型支撑挖土方和土方回填两部分工程量的变化，从而引起碳排放量的变化。

（1）埋深对大型支撑挖土方碳排放的影响

大型支撑挖土方工程量为基坑面积与大型支撑挖土石方深度的乘积，见公式（3-15）。

$$Q_1 = B \times L \times (H - h_0) \tag{3-15}$$

式中：Q_1——大型支撑挖土方工程量；

　B、L——分别为基坑宽度和长度；

　H、h_0——分别为基坑深度及明挖土方深度。

若基坑第一道支撑位置不变，单元工序大型支撑挖土方的挖土深度随埋深的增加线性增加。当基坑尺寸不变时，大型支撑挖土方工程量随埋深的增加也呈线性增长。相应的，结合碳排放定额清单，随埋深的增加，大型支撑挖土方碳排放呈线性增长。对于地铁车站 299.9m×19.9m 基坑，车站顶板埋深每增加 1m，大型支撑挖土方碳排放增加 18.875t（图 3-22）。

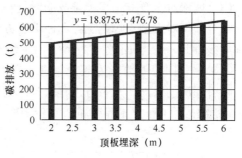

图 3-22　埋深对大型支撑挖土方碳排放的影响

（2）埋深对土石方回填碳排放的影响

回填土方工程量为车站顶板埋深与基坑面积的乘积，见公式（3-16）。

$$Q_2 = B \times L \times h_1 \tag{3-16}$$

式中：Q_2——回填土方工程量；

　h_1——车站顶板埋深。

与大型支撑挖土方相类似，土方回填工程量随车站顶板埋深的增加线性增加，土方回填产生的碳排放量也随埋深增加线性增加。结合碳排放定额清单，当回填土类型不同时，埋深每增加 1m，土方回填碳排放增加量有所不同。当回填土为素土时，埋深每增加 1m，土方回填增加约 4.21t 碳排放（图 3-23）。若回填土类型为灰土（含石灰），由于石灰作为材料本身蕴含碳排放，随着埋深的增加，回填灰土的碳排放增量明显高于素土回填，埋深每增加 1m，回填灰土增加 875.992t 碳排放（图 3-24）。

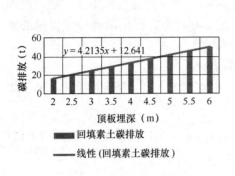

图 3-23　埋深对回填素土碳排放的影响　　图 3-24　埋深对回填灰土碳排放的影响

（3）埋深对土石方工程碳排放的影响

综合埋深对大型支撑挖土方和回填土方的影响，随着埋深的增加，土方工程碳排放线性增长。当回填土为素土时，埋深每增加 1m，碳排放增加约 23.1t（图 3-25）。若回填土类型为灰土（含石灰），由于石灰作为材料本身蕴含碳排放，随着埋深的增加，土石方工程碳排放增量高于素土回填；以灰土回填时，埋深每增加 1m，土石方工程增加 894.9t（图 3-27）。

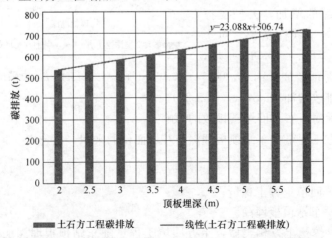

图 3-25　回填素土时埋深对整体土石方工程碳排放的影响

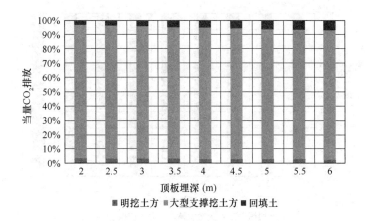

图 3-26 回填素土时埋深对整体土石方工程碳排放分布的影响

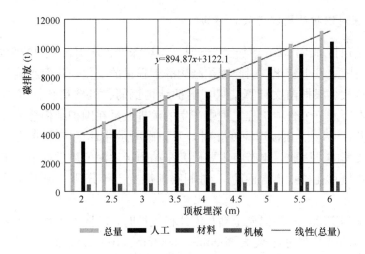

图 3-27 回填灰土时埋深对整体土石方工程碳排放的影响

　　另外，当回填土为素土时，大型支撑挖土方造成的碳排放占总碳排放的主体（90％以上），其次为素土回填（图 3-26）；各施工要素中，机械产生的碳排放占据主导地位（98％以上），建材碳排放为 0（不存在建材的输入）。当回填土为灰土时，碳排放的构成比例与素土回填相比有显著变化，碳排放以回填土阶段产生的碳排放为主（87％以上），其次为大型支撑挖土方（图 3-28）；各施工要素中，建材蕴含的碳排放比例最高（86％以上），且随着埋深的增加，比例逐渐升高（由 86.7％升至 93.5％）。

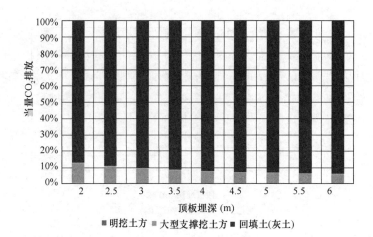

图 3-28　回填灰土时埋深对整体土石方工程碳排放分布的影响

3. 埋深对围护结构碳排放的影响

当车站顶板埋深由 2m 增加至 6m 时，基坑深度、作用在桩侧的侧向土压力、水压力等将随之发生变化，引起围护结构的工程量的变化，从而影响车站围护结构部分碳排放。根据前文计算结果，围护结构钢筋、机械钻孔桩（不含钢筋）、桩间喷射混凝土三个分项工程过程中产生的碳排放量在围护结构总碳排放量中比重较高，共计 98%。顶板埋深变化时，对占碳排放主体的三个分项工程的工程量产生重要影响。因此，本节将主要研究车站顶板埋深增加过程中，车站围护结构钢筋、机械钻孔桩（不含钢筋）、桩间喷射混凝土等分项工程工程量及碳排放的变化。

根据工程实际，采用混凝土钻孔灌注桩支护时，不同的工程可能采用不同的桩径。常用的桩径尺寸主要为 600mm、800mm、1000mm 和 1200mm。桩间距一般情况下宜小于等于 2.0 倍桩径，当土质较好时，可扩大至 2.5～3.5 倍桩径[105]。因此，本节研究中考虑桩径为 600mm、800mm、1000mm 和 1200mm，桩间距为 1.5d（d 为桩径）。

（1）对分项工程桩间喷射混凝土的影响

桩间喷射混凝土工程量为各单桩间净距之和与基坑深度的乘积，见公式 (3-17)。

$$Q_3 = H \times [2 \times (B+L) - n \times d] \tag{3-17}$$

式中：Q_3——桩间喷射混凝土工程量；

n——基坑范围内灌注桩根数；

d——灌注桩直径。

　　若基坑尺寸及桩径确定，则桩间距确定、基坑范围内灌注桩根数确定，随着顶板埋深的增加，桩间喷射混凝土的工程量线性同步增加，从而导致分项工程桩间喷射混凝土的碳排放量增加。以直径为 1000mm 的钻孔灌注桩围护结构为例，考虑基坑尺寸为 299.9m×19.9m，则顶板埋深每增加 1m，分项工程桩间喷射混凝土产生的碳排放量将增加约 7.73t（图 3-29）。当基坑尺寸增加时，顶板埋深增加单位长度所引起的桩间喷射混凝土碳排放的增量也随之增加。

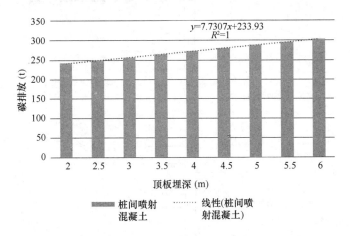

图 3-29　顶板埋深对分项工程桩间喷射混凝土碳排放的影响

（2）对分项工程机械成孔灌注桩及钢筋的影响

　　随着顶板埋深的增加，基坑开挖深度增加，桩侧土压力及水压力也逐渐发生变化，从而引起桩身弯矩和剪力的变化，对灌注桩的嵌固深度、桩身配筋量等产生影响。而开挖深度和嵌固深度的变化共同导致了分项工程机械成孔灌注桩工程量的变化。这些工程量的变化将引起相关分项工程碳排放量的增加。

　　为研究顶板埋深对分项工程机械成孔灌注桩及非预应力钢筋的碳排放影响趋势，本节利用基坑支护设计软件理正深基坑 7.0 建立相关模型，计算顶板埋深 2~6m 变化过程中的桩长及配筋量，进而得到碳排放量的变化。采用《建筑基坑支护技术规程》JGJ 120—2012 推荐的弹性地基梁法进行地铁车站深基坑支护结构设计计算，基床系数随深度线性变化（M 法，图 3-30）。作用在围护桩外侧土压力取为主动土压力，内侧土压力取为被动土压力。将作用于灌注桩上的支撑点简化为弹簧，基

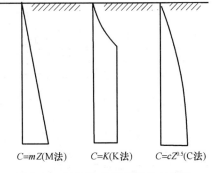

图 3-30　弹性法基床系数分布规律

坑开挖面以下被动侧土体简化为水平向弹簧，主动侧土压力施加到灌注桩之上
（图 3-31），利用有限元计算求解单桩内力及位移。桩侧主动土压力强度标准值、
被动土压力强度标准值按照式（3-18）～式（3-21）计算，考虑地下水位降水至基
坑开挖面以下 0.5m 处，地下水位以下土压力考虑水土分算，计算示意如图3-32
所示。

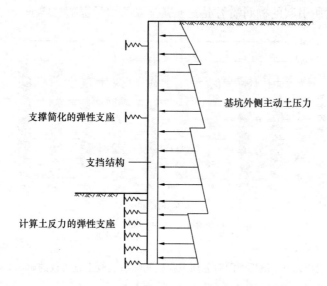

图 3-31　弹性支点法计算模型

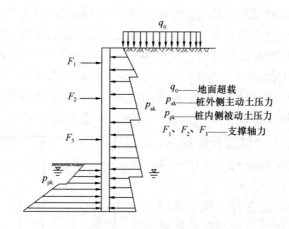

图 3-32　土压力计算示意

$$p_{ak} = \sigma_{ak} K_{a,i} - 2c_i \sqrt{K_{a,i}} \tag{3-18}$$

$$K_{a,i} = \tan^2\left(45° - \frac{\varphi_i}{2}\right) \tag{3-19}$$

$$p_{pk} = \sigma_{pk}K_{p,i} + 2c_i\sqrt{K_{p,i}} \tag{3-20}$$

$$K_{p,i} = \tan^2\left(45° + \frac{\varphi_i}{2}\right) \tag{3-21}$$

式中：p_{ak}——支护结构外侧，第 i 层土中计算点的主动土压力强度标准值，当

$\qquad p_{ak} < 0$ 时取 $p_{ak} = 0$；

σ_{ak}、σ_{pk}——分别为支护结构外侧、内侧计算点的土中竖向应力标准值；

$K_{a,i}$、$K_{p,i}$——分别为第 i 层土的主动土压力系数、被动土压力系数；

c_i、φ_i——分别为第 i 层土的黏聚力、内摩擦角；

p_{pk}——支护结构内侧，第 i 层土中计算点的被动土压力强度标准值。

根据《地铁设计规范》GB 50157—2013，取地面超载为 20kPa，基坑降水至开挖面以下 0.5m。计算模型如图 3-33 所示（以桩径 1000mm 为例）。

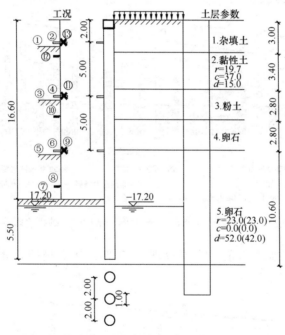

图 3-33　钻孔灌注桩围护计算模型示意（单位：m）

根据工程量建模计算结果得到 600mm、800mm、1000mm、1200mm 桩径下基坑 299.9m×19.9m 范围内，分项工程非预应力钢筋、机械钻孔桩、桩间喷射混凝土碳排放以及三者碳排放总量随顶板埋深的变化，结果如图 3-34～图 3-37 所示。

结果表明，桩径不同时，分项工程非预应力钢筋、机械钻孔桩、桩间喷射混凝土及三者碳排放总量随顶板埋深的变化规律相似：随顶板埋深的增加呈线性增加趋势。各分项工程碳排放量的变化趋势与不同顶板埋深下相应工程量的变化趋势相同。不同桩径下，各分项工程碳排放量随埋深增加的变化速率有所不同。

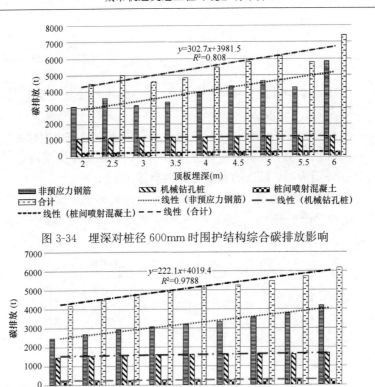

图 3-34　埋深对桩径 600mm 时围护结构综合碳排放影响

图 3-35　埋深对桩径 800mm 时围护结构综合碳排放影响

对于三者碳排放总量，随顶板埋深的增加基本呈线性增加趋势。桩径

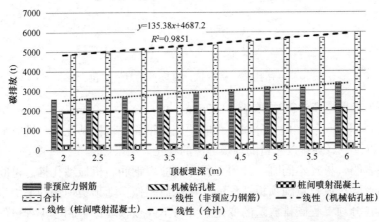

图 3-36　埋深对桩径 1000mm 时围护结构综合碳排放影响

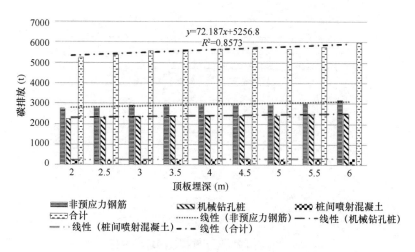

$$y=72.187x+5256.8$$
$$R^2=0.8573$$

图 3-37　埋深对桩径 1200mm 时围护结构综合碳排放影响

600mm 时，顶板埋深每增加 1m，碳排放总量增加 302.7t；桩径 800mm 时，顶板埋深每增加 1m，碳排放总量增加 222.1t；桩径 1000mm 时，顶板埋深每增加 1m，碳排放总量增加 135.38t；桩径 1200mm 时，顶板埋深每增加 1m，碳排放总量增加 72.187t。随着桩径的增加，三者碳排放总量随顶板埋深变化的增量逐渐降低，可见，随着桩径的增加，碳排放量受埋深变化的影响逐渐变小。

图 3-38、图 3-39 分别为不同桩径下围护结构造价及碳排放随顶板埋深增加的变化规律。不同桩径下，围护结构造价及碳排放均随顶板埋深的增加而线性增加，且随着桩径的增大，造价及碳排放斜率逐渐减小。可见，随着桩径的增加，造价和碳排放量受埋深变化的影响均逐渐减小。因此，当采用小桩径围护结构和大桩径围护结构均能满足基坑开挖需要时，无论是从造价的角度还是从碳排放的

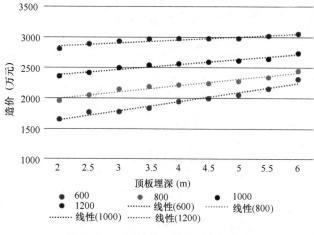

图 3-38　不同桩径下造价随埋深变化

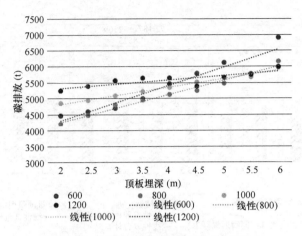

图 3-39　不同桩径下碳排放随埋深变化

角度而言，随着埋深的增加，采用选用大桩径围护结构更加合理。

4. 埋深对主体结构碳排放的影响

根据《地铁设计规范》GB 50157—2013，作用在地铁车站主体结构上的荷载包括永久荷载、可变荷载以及偶然荷载，不同荷载分类见表 3-22。当车站顶板埋深由 2m 增加至 6m 时，作用在车站主体结构的部分荷载会发生变化，如顶板地层压力、底板水浮力、侧向土压力等。这些荷载的变化将可能引起结构各分项工程工程量的变化，从而影响车站结构部分碳排放。根据前文计算结果，地铁车站主体结构碳排放源以车站主体非预应力钢筋、混凝土侧墙、底板、中板、顶板、柱及梁等分项工程为主，碳排放量占比高达 95％。因此，本节将主要研究车站顶板埋深增加过程中，车站主体非预应力钢筋、混凝土侧墙、底板、中板、顶板、柱及梁等分项工程工程量及碳排放的变化。

地铁车站主体结构荷载及分类　　　　　　　　表 3-22

荷载类型	荷载名称
永久荷载	结构自重
	地层压力
	隧道上部和破坏棱体范围的设施及建筑物压力
	静水压力及浮力
	预加应力
	混凝土的收缩和徐变
	设备重量
	地层抗力

续表

荷载类型		荷载名称
可变荷载	基本可变荷载	地面车辆荷载及其动力作用
		地面车辆荷载引起的侧向土压力
		地铁车辆荷载及其动力作用
		人群荷载
	其他可变荷载	温度变化影响
		施工荷载
偶然荷载		地震荷载
		沉船、抛锚或河道疏浚产生的冲击力等灾害性荷载
		人防荷载

　　地铁车站全长 299.9m，车站范围内共分为 35 跨。为研究地铁车站结构主体各部分工程量随车站埋深的变化规律，本节选用结构设计软件 PKPM 对车站中部标准断面 7 跨建立模型进行设计计算。目前，国内现行的地铁结构设计中围护结构与主体结构之间的结合主要有临时结构、单一结构、叠合结构和复合结构四种类型，结合围护结构类型，建模计算中采用复合结构形式，考虑围护结构与车站主体结构共同工作，按照长期使用工况（水土分算、侧向土压力及侧向水作用于围护桩）作用在结构上的荷载计算。其中，地面超载、设备荷载、人群荷载等取《地铁设计规范》GB 50157—2013 中给定的常用值，分别为 20kPa、8kPa 和 4kPa。侧向土压力按照使用阶段静止土压力计算，地下水位考虑最不利组合。明挖地铁车站结构计算荷载布置及模型示意如图 3-40、图 3-41 所示。

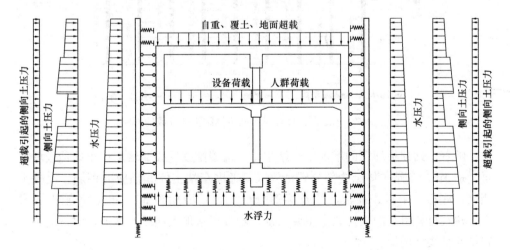

图 3-40　明挖地铁车站结构计算荷载布置示意图

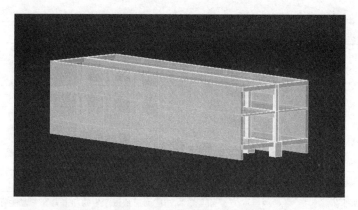

图 3-41　明挖地铁车站结构计算建模示意图

对顶板埋深 2m、2.5m、3m、3.5m、4m、4.5m、5m、5.5m、6m 共九种情况下的地铁车站主体结构分别建模设计、配筋并计算建设期碳排放量。考虑建模过程中边跨的边缘效应，取中间 5 跨计算值的平均水平近似代表车站全长范围内平均水平，近似扩大至车站全长范围内，得到车站主体结构碳排放随车站顶板埋深的变化，如图 3-42 所示。

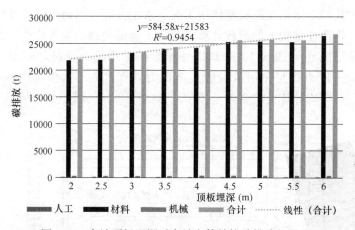

图 3-42　车站顶板埋深对车站主体结构碳排放的影响

随着车站顶板埋深的增加，车站主体结构碳排放呈线性增加；车站顶板埋深每增加 1m，车站主体结构部分碳排放（仅考虑车站主体非预应力钢筋、混凝土侧墙、底板、中板、顶板、柱及梁等分项工程）增加约 584.58t。各施工要素中，建筑材料引起的碳排放占主要因素，随着车站顶板埋深的增加，建材造成的碳排放呈线性增加。

根据施工对象，进一步将车站主体结构划分为混凝土结构施工和钢筋施工两个部分，车站顶板埋深分别对这两部分的影响如图 3-43 所示。可以看出，随着顶板埋深的增加，钢筋施工部分的碳排放明显呈线性增加，而混凝土施工部分碳排放量变化较为微弱。这主要是因为在车站主体结构设计计算过程中，车站结构尺寸为预先设定，在埋深增大的过程中，混凝土截面能较好地与荷载的增加相匹配，截面尺寸变化较少，但受力钢筋配筋量有明显增加以适应荷载增加。

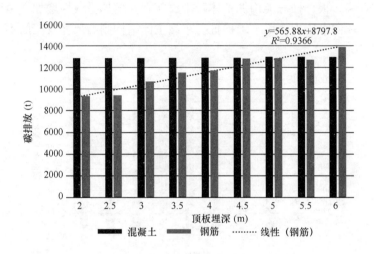

图 3-43　车站顶板埋深对混凝土及钢筋施工碳排放的影响

由于车站主体结构各部件所承受荷载不同，各部件碳排放随着埋深增加的变化情况也有所不同。图 3-44～图 3-51 为车站顶板埋深对车站主体结构各部件碳

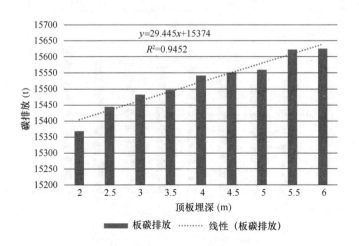

图 3-44　车站顶板埋深对板碳排放的影响

排放的影响。随着车站顶板埋深增加，车站顶板覆土荷载、底板水浮力增加，引起车站顶板、底板、梁、柱截面配筋增加，其相应碳排放增加。随着车站顶板埋深增加，板、梁的构件截面能较好地与荷载的增加相匹配，截面尺寸不发生变化，相应混凝土施工碳排放不变，而中柱尺寸逐渐不能满足承载力要求，当埋深增加至4m、5m、5.5m时中柱截面尺寸分别增加至0.8m×1.1m、0.8m×1.2m、0.9m×1.2m，因而中柱混凝土施工碳排放呈阶梯状。综合混凝土施工及钢筋施工碳排放，梁、板、柱三类构件整体碳排放随埋深增加呈线性增加。由于考虑侧向土压力、侧向水压力作用于维护桩，车站主体结构侧墙尺寸及配筋不变，因而碳排放不变。

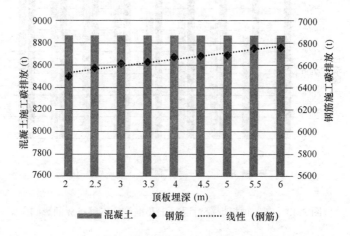

图 3-45 车站顶板埋深对板混凝土及钢筋施工碳排放的影响

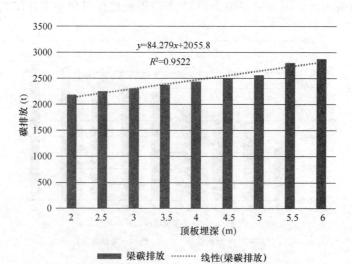

图 3-46 车站顶板埋深对梁碳排放的影响

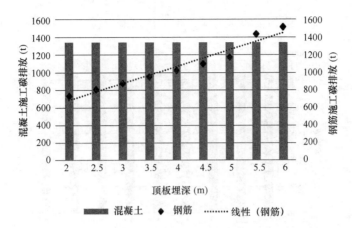

图 3-47 车站顶板埋深对梁混凝土及钢筋施工碳排放的影响

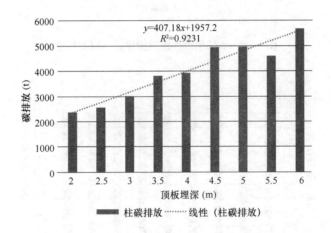

图 3-48 车站顶板埋深对柱碳排放的影响

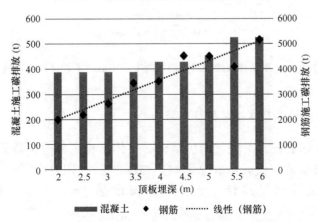

图 3-49 车站顶板埋深对柱混凝土及钢筋施工碳排放的影响

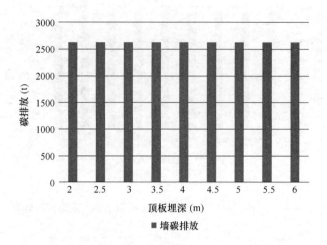

图 3-50　车站顶板埋深对侧墙碳排放的影响

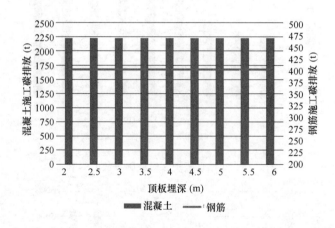

图 3-51　车站顶板埋深对侧墙混凝土及钢筋施工碳排放的影响

5. 埋深对地铁车站建设碳排放总影响

综合埋深对土石方工程、围护结构、主体结构三部分碳排放的影响，得到埋深对地铁车站建设碳排放总影响，如图 3-52、图 3-53 所示。车站建设碳排放随埋深增加呈线性增加，埋深每增加 1m，车站碳排放增加约743.05t。

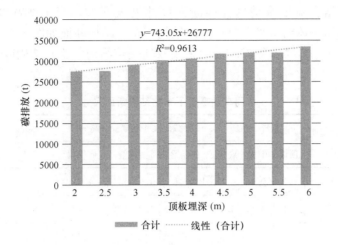

图 3-52　车站顶板埋深对地铁车站建设碳排放总影响

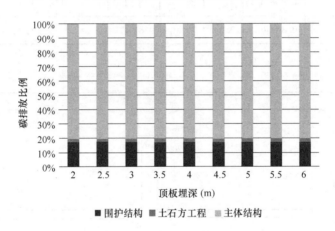

图 3-53　车站顶板埋深对地铁车站建设碳排放分布的总影响

3.3.3　车站宽度对地铁车站建设期碳排放影响分析

1. 车站宽度范围及结构形式选取

地铁岛式车站宽度主要受客流量、楼扶梯布置、限界及站台范围内中柱的布置等因素影响，工程中常见的车站宽度在 18～25m 范围内。不同的车站宽度对应于不同的站台宽度及车站主体结构形式。根据文献[106-108]，当站台宽度小于等于 8m 时，车站采用单跨结构；当站台宽度为 10m 时，一般采用单柱双跨标准断面；当站台宽度为 12～14m 时，多采用双柱三跨式。综合考虑本节案例及工程实际，本文选取车站宽度变化的研究范围为 18.9～22.7m。不同车站宽度所对应的站台宽度及结构标准断面尺寸见表 3-23。当车站宽度为 18.9m、19.9m 时车站主体结构采用单柱双跨结构，车站结构断面如图 3-54 所示；站台宽度为 20.7m、21.7m 及 22.7m 时采用双柱三跨结构，车站结构断面如图 3-55 所示。

不同车站宽度下车站结构断面尺寸　　　　　　　　表 3-23

车站宽度 (m)	站台宽度 (m)	板厚（m）			梁截面尺寸（宽 m×高 m）			侧墙 (m)	中柱 (m)
		顶板	中板	底板	顶纵梁	中纵梁	底纵梁		
18.9	10	0.9	0.4	1.0	1.2×2.2	1.0×1.4	1.2×2.4	0.8	1.0×0.8
19.9	11	0.9	0.4	1.0	1.2×2.2	1.0×1.4	1.2×2.4	0.8	1.0×0.8
20.7	12	0.8	0.4	0.9	1.2×1.8	0.8×1.0	1.2×2.0	0.7	1.0×0.7
21.7	13	0.8	0.4	0.9	1.2×1.8	0.8×1.0	1.2×2.0	0.7	1.0×0.7
22.7	14	0.8	0.4	0.9	1.2×1.8	0.8×1.0	1.2×2.0	0.7	1.0×0.7

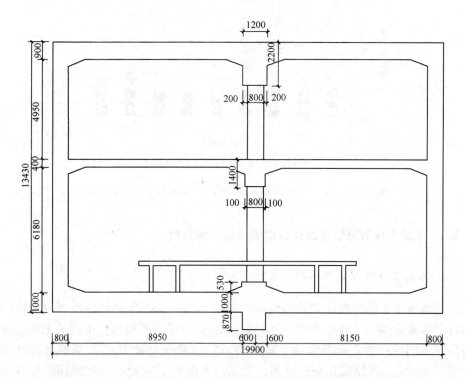

图 3-54　单柱双跨车站结构断面示意（单位：mm）

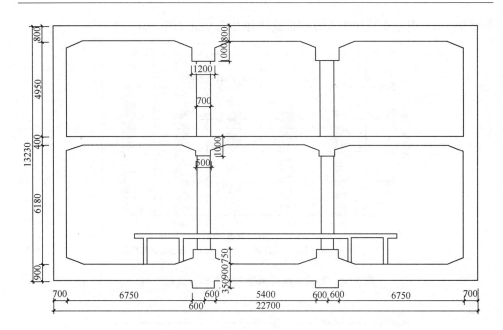

图 3-55　双柱三跨车站结构断面示意（单位：mm）

2. 车站宽度对土石方工程碳排放的影响

土石方工程碳排放主要包括明挖土石方、大型支撑挖土石方和土石方回填三个分部分项工程中的碳排放。当车站宽度由 18.9m 增加至 22.7m，基坑开挖尺寸随之增加。基坑尺寸的变化将对明挖土石方、大型支撑挖土石方及土石方回填三部分的工程量产生影响，从而影响相应碳排放。

（1）车站宽度对明挖土石方碳排放的影响

明挖土石方工程量为明挖挖土高度与基坑面积的乘积，见式（3-22）。

$$Q_1 = B \times L \times h_0 \tag{3-22}$$

式中：Q_1——明挖土石方工程量；其他符号意义见式（3-15）。

若基坑开挖时第一道支撑的位置不变，则一般挖土石方高度不变，明挖土石方工程量随车站宽度增加呈线性变化。相应的，结合碳排放定额清单，随车站宽度的增加，明挖土石方碳排放呈线性增长。对于地铁车站长 299.9m 基坑，车站宽度每增加 1m，明挖土石方碳排放增加约 814kg（图 3-56）。

（2）车站宽度对大型支撑挖土石方碳排放的影响

大型支撑挖土石方工程量为基坑面积与大型支撑挖土石方深度的乘积，若基坑第一道支撑位置不变、基坑开挖深度不变（忽略单柱双跨车站、双柱三跨车站结构顶板及底板尺寸细微变化引起的开挖深度的细微变化），大型支撑挖土石方工程量随车站宽度增加呈线性变化。对于地铁车站长 299.9m 的基坑，车站宽度每增加1m，大型支撑挖土石方碳排放增加22529kg（图3-57）。

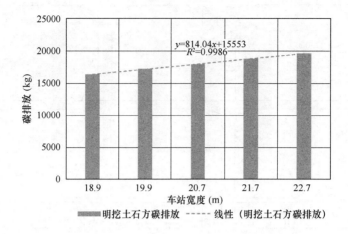

图3-56　车站宽度对明挖土石方碳排放的影响

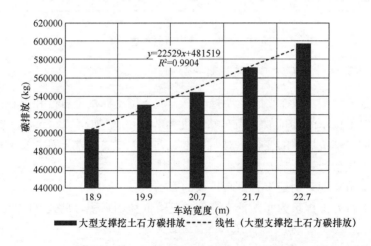

图3-57　对大型支撑挖土石方碳排放的影响

（3）车站宽度对土石方回填碳排放的影响

与大型支撑挖土方相类似，当车站顶板埋深一定时，土石方回填工程量随车站宽度的增加线性增加，土石方回填产生的碳排放量也随车站宽度增加线性增加。结合碳排放定额清单，当回填土类型不同时，车站宽度每增加1m，土石方回填碳排放增加量有所不同。当回填土为素土时，车站宽度每增加1m，土石方回填增加约1187.8kg碳排放（图3-58）。若回填土类型为灰土（含石灰），由于石灰作为材料本身蕴含碳排放，随着车站宽度的增加，回填灰土增加的碳排放增加量明显高于素土回填，埋深每增加1m，回填灰土增加246947kg碳排放（图3-59）。

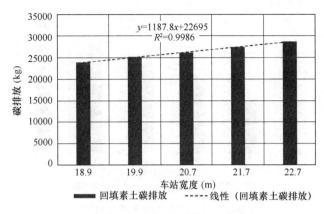

图 3-58　车站宽度对回填素土碳排放的影响

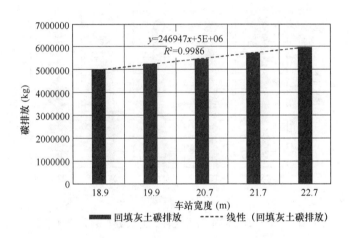

图 3-59　车站宽度对回填灰土碳排放的影响

（4）车站宽度对土石方工程碳排放总影响

综合埋深宽度对大型支撑挖土石方和回填土石方的影响，随着埋深的增加，土石方工程碳排放线性增长。当回填土为素土时，埋深每增加 1m，碳排放增加约 24531kgCO$_2$eq. 排放（图 3-60）。若回填土类型为灰土（含石灰），由于石灰作为材料本身蕴含碳排放，随着埋深的增加，土石方工程增加的碳排放增加量高于素土回填；以灰土回填时，埋深每增加 1m，土石方工程增加 270291 kgCO$_2$eq. 碳排放（图 3-61）。

另外，当回填土为素土时，大型支撑挖土石方造成的碳排放占总碳排放的主体（92％以上），其次为素土回填（图 3-62）。当回填土为灰土时，碳排放的构成比例与素土回填相比有显著变化，碳排放以回填土阶段产生的碳排放为主（90％以上），其次为大型支撑挖土石方（图 3-63）。

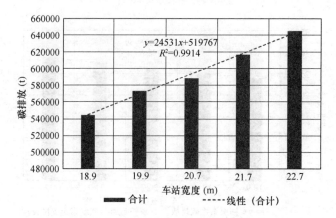

图 3-60　车站宽度对土石方工程碳排放的影响（素土）

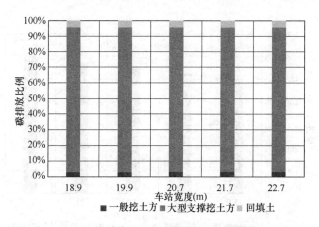

图 3-61　车站宽度对土石方工程碳排放分布的影响（素土）

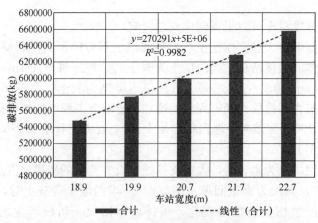

图 3-62　车站宽度对土石方工程碳排放的影响（灰土）

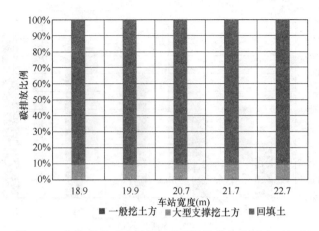

图 3-63　车站宽度对土石方工程碳排放分布的影响（灰土）

3. 车站宽度对围护结构碳排放的影响

当车站宽度由 18.9m 增加至 22.7m，车站基坑深度不变，荷载条件不变，因此，围护桩单桩桩长及配筋量不变，仅对基坑范围内围护桩数量及桩间喷射混凝土工程量有影响，从而引起基坑范围围护结构钢筋、机械钻孔桩（不含钢筋）、桩间喷射混凝土三个分项工程过程中产生的碳排放量的变化。

（1）车站宽度对桩间喷射混凝土碳排放的影响

桩间喷射混凝土工程量计算过程见公式（3-17），当桩间距为 1.5d 时，则公式（3-17）可转化为式（3-23）。

$$Q_4 = 2/3H \times (B+L) \tag{3-23}$$

当车站宽度增加时，桩间喷射混凝土工程量与其线性相关。以直径为 1000mm 的钻孔灌注桩围护结构为例，考虑基坑全长 299.9m 范围，则车站宽度每增加 1m，分项工程桩间喷射混凝土产生的碳排放量将增加约 755.3kg（图 3-64）。

（2）车站宽度对钢筋及机械钻孔桩碳排放的影响

当车站宽度增加时，车站基坑深度不变，荷载条件不变，因此，围护桩单桩桩长及配筋量不变，车站宽度的改变仅对基坑范围内围护桩数量有影响。基坑范围内围护桩数量可由基坑周长除以桩间距近似得到，见公式（3-24）。

$$n = 2(B+L)/\Delta d \tag{3-24}$$

式中：n ——基坑范围内围护桩数量；

Δd ——桩间距。

当车站宽度增加时，围护桩数量随之线性增加，相应的，围护结构钢筋及机械钻孔桩工程量随之线性增加。以直径为 1000mm 的钻孔灌注桩围护结构为例，

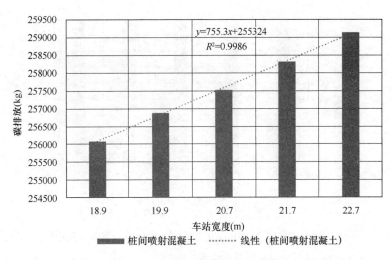

$y=755.3x+255324$

$R^2=0.9986$

车站宽度(m)

桩间喷射混凝土　········· 线性（桩间喷射混凝土）

图 3-64　　车站宽度对桩间喷射混凝土碳排放的影响

考虑基坑全长 299.9m 范围，则车站宽度每增加 1m，分项工程围护结构钢筋产生的碳排放量将增加约 7847.3kg，分项工程机械钻孔桩（不含钢筋）产生的碳排放量将增加约 5850.8kg（图 3-65、图 3-66）。

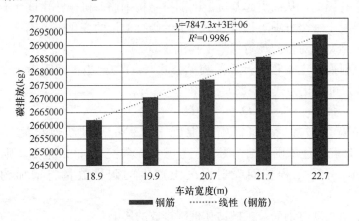

$y=7847.3x+3E+06$

$R^2=0.9986$

车站宽度(m)

钢筋　········· 线性（钢筋）

图 3-65　　车站宽度对围护结构钢筋碳排放的影响

（3）车站宽度对围护结构碳排放总影响

综合车站宽度对围护结构钢筋、机械钻孔桩（不含钢筋）、桩间喷射混凝土三个分项工程中产生的碳排放量的变化影响，得到不同桩径下围护结构碳排放随车站宽度增加的变化情况，如图 3-67 所示。当桩径为 600mm、800mm、1000mm、1200mm 时，车站宽度每增加 1m，围护结构碳排放分别增加约 12968kg、13564kg、14912kg 和 15820kg。这表明，随着桩径的增大，车站宽度增加对围护结构碳排放的影响逐渐增大。

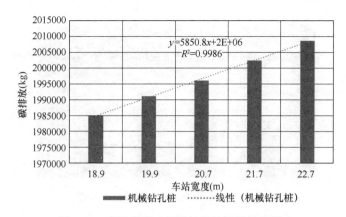

图 3-66 车站宽度对机械钻孔桩碳排放的影响

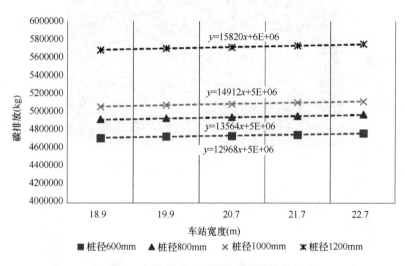

图 3-67 车站宽度对围护结构碳排放总影响

4. 车站宽度对主体结构碳排放的影响

与车站顶板埋深对主体结构碳排放影响研究相类似，选取车站中部标准断面7跨，利用 PKPM 软件分别建立车站宽度为 18.9m、19.9m、20.7m、21.7m 及22.7m 的计算模型。计算荷载同前文，考虑车站顶板覆土 3m。单柱双跨结构及双柱三跨结构模型示意如图 3-68、图 3-69 所示。

考虑建模过程中边跨的边缘效应，取中间 5 跨计算值的平均水平近似代表车站全长范围内平均水平，扩大至车站全长范围内，得到车站主体结构碳排放随车站宽度的变化，如图 3-70 所示。

结果表明，随着车站宽度的增加，车站主体结构碳排放并无明显线性关

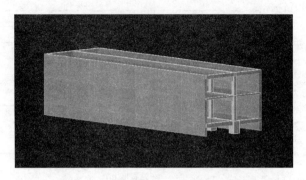

图 3-68 单柱双跨结构计算建模示意图

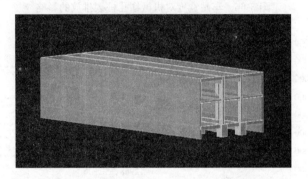

图 3-69 双柱三跨结构计算建模示意图

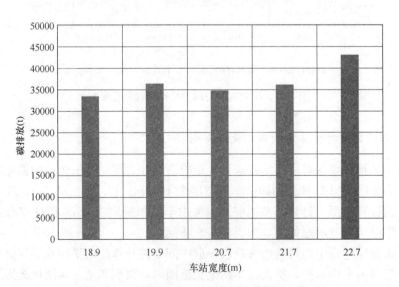

图 3-70 车站宽度对车站主体结构碳排放的影响

系，而是存在起伏。当车站宽度为 18.9m 时建设碳排放量最低，随着车站宽度增加为 19.9m，碳排放量增加；当车站宽度增加为 20.7m 时，碳排放出现回落；当车站宽度为 20.7m 增加至 22.7m 时，车站主体结构碳排放逐渐增加。

　　为详细解释随着车站宽度的增加，车站主体结构碳排放出现起伏的原因，将地铁车站主体结构碳排放分解至各结构部件，考察各结构部件碳排放随车站宽度的变化。并根据施工对象，进一步将车站主体结构各构件划分为混凝土结构施工和钢筋施工两个部分。车站宽度对车站主体结构各部件碳排放的影响如图 3-71～图 3-78 所示。

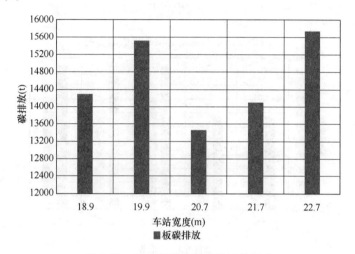

图 3-71　车站宽度对板碳排放的影响

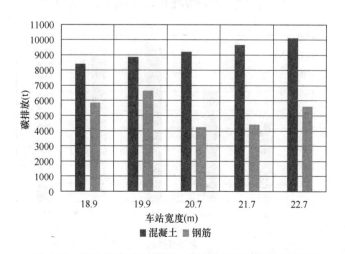

图 3-72　车站宽度对板混凝土及钢筋施工碳排放的影响

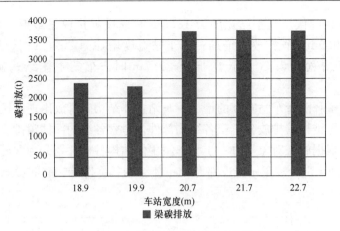

图 3-73　车站宽度对梁碳排放的影响

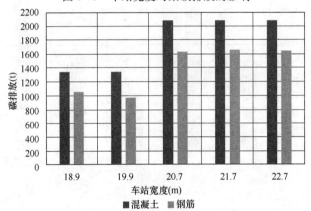

图 3-74　车站宽度对梁混凝土及钢筋施工碳排放的影响

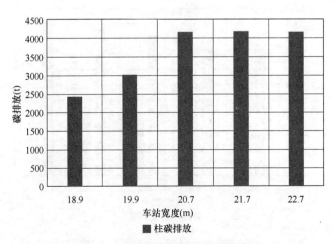

图 3-75　车站宽度对柱碳排放的影响

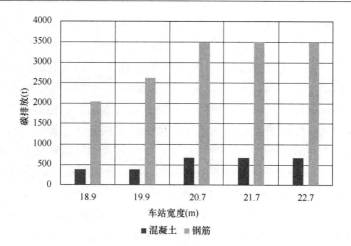

图 3-76　车站宽度对柱混凝土及钢筋施工碳排放的影响

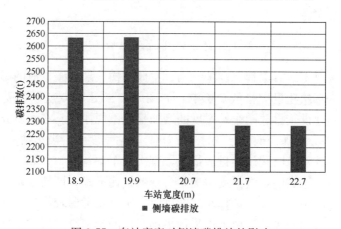

图 3-77　车站宽度对侧墙碳排放的影响

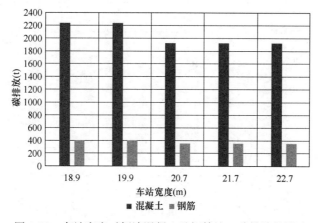

图 3-78　车站宽度对侧墙混凝土及钢筋施工碳排放的影响

从混凝土施工角度分析：当车站宽度由 19.9m 增加至 20.7m 时，车站结构形式发生了变化，由单柱双跨结构变为双柱三跨结构。由于与单柱双跨结构相比，双柱三跨结构受力更为合理，因而这种结构形式的变化将引起结构侧墙、梁、板及中柱单个构件截面尺寸一定程度的改变——侧墙厚度减小、梁尺寸减小、板厚减小、中柱尺寸减小。另外，车站宽度的增加、结构形式的变化也造成了板的宽度增加、中柱及梁构件的数量倍增。结合两方面的影响，板构件混凝土施工碳排放随车站宽度增加近似线性增加，梁构件及中柱混凝土施工碳排放在车站宽度由 19.9m 增加至 20.7m 时出现激增，侧墙混凝土施工碳排放在车站宽度由 19.9m 增加至 20.7m 时出现小幅降低。

从混凝土施工角度分析：当车站宽度由 19.9m 增加至 20.7m 时，车站由单柱双跨结构变为双柱三跨结构，顶、中、底板跨度减小，作用在梁、柱等单个构件上的力减小，内力及配筋相应减小，但同时，构件数量倍增，因而钢筋施工碳排放出现不规律性。

5. 车站宽度对地铁车站主体建设碳排放总影响

综合宽度对土石方工程、围护结构、主体结构三部分碳排放的影响，得到车站宽度对地铁车站建设碳排放总影响，如图 3-79、图 3-80 所示。受车站主体结构影响，车站建设碳排放随车站宽度的增加呈现不规律性。在本研究所选的 5 种（18.9m、19.9m、20.7m、21.7m、22.7m）车站宽度中，当车站宽度为 18.9m、结构形式为单柱双跨时建设碳排放最低，其次为车站宽度 20.7m、结构形式为双柱三跨的车站。这表明，选择受力更为合理的结构形式，即使车站宽度增加，碳排放量也可能减少。因此，选择车站宽度时，不仅要考虑较小的车站宽度对车站主体建设碳排放的减少，也要考虑采用更加合理的受力结构形式来降低碳排放。

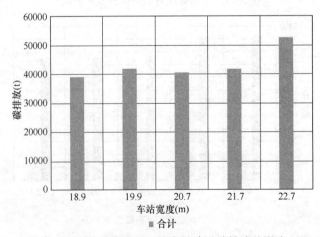

图 3-79　车站宽度对地铁车站建设碳排放总影响

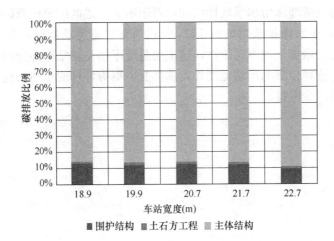

图 3-80　车站宽度对地铁车站建设碳排放分布总影响

3.4　本　章　小　结

本章选取了城市轨道交通明挖车站作为研究对象，基于生命周期评价思想对其建设碳排放进行了定量测算，并分析了碳排放主要影响因素，以期为城市轨道交通建设温室气体减排及低碳规划与设计提供借鉴和指导。本章的研究工作主要包括以下几个方面：

（1）结合生命周期评价理论，建立地铁明挖车站土建工程建设碳排放计算模型，并根据模型需要建立了城市轨道交通土建工程建设相关的人工、材料、机械、能源碳排放清单数据库；借鉴工程造价概预算定额思想，建立地铁明挖车站土建工程碳排放定额清单，用以计算各分部分项工程的定额碳排放。

（2）选取典型地铁明挖车站工程为研究对象，对其建设期将产生的碳排放进行定量计算。通过分析发现，各分部工程中主体结构碳排放占总量碳排放的比重最高，地铁车站建设减排控制及低碳规划设计应重点考虑车站主体；在车站主体各子分项工程中，主体结构碳排放量最高，其次为围护结构碳排放，土石方工程碳排放量最低；无论是明挖车站总体还是各分部工程，不同施工要素碳排放占比相类似：建材碳排放占据碳排放总量主体，人工碳排放不足0.2%；物化阶段碳排放远高于施工阶段碳排放，是地铁明挖车站建设碳排放的主要来源。

（3）从规划设计角度入手，选取地铁明挖车站碳排放的可能影响因素（车站埋深、车站宽度），研究不同车站埋深、车站宽度对碳排放的影响。分析发现，车站建设碳排放随埋深增加呈线性增加,对于本文所选取的单柱双跨标准站,埋深每增加 1m,车站碳排放增加约 743.05t;当车站宽度增加时,车站建设碳排放随车站宽度的增加呈现不规律性,这主要是受车站主体结构部分碳排放的不规律性影响,除选择较窄的车站宽度外,选择受力更为合理的车站结构形式也能够在一定范围内减少碳排放。

第4章 基于中点模型的城市轨道交通工程建设期环境影响评价

第3章对城市轨道交通车站建设阶段的温室气体排放及影响因素进行了研究。然而，在城市轨道交通工程建设中，其他一些环境影响问题如建筑垃圾、有害物质，也会对环境造成极大的影响。

本章根据生命周期评价的基本方法框架，确定地铁车站建设期的目标与范围。在清单分析过程中，对地铁暗挖车站建设期的施工工序进行细化，并基于中点模型 CML（Centre of Environmental Science）法选取全球变暖（GWP）、酸化（AP）、水体富营养化（EP）、非生物资源消耗（ADP）、人体毒性（HTP）、光化学烟雾（POCP）六个中点环境破坏类型，对这些环境影响类型进行分类、特征化、标准化计算，最终得出地铁明挖车站、暗挖车站建设期不同时期、不同工序以及总的环境影响。

4.1 中点模型指标

中点破坏模型在生命周期影响评价中实践时间长、应用广泛、发展成熟，而且能够客观明确地给出目标对目前所关注的重要环境问题的影响，如全球变暖、酸化、富营养化等。本章采用 CML 法，有效地减少假设的数量和模型的复杂性。

基于中点模型 CML 法的技术框架如图 4-1 所示。

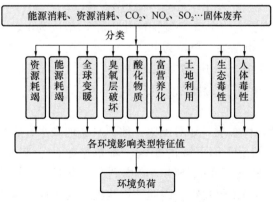

图 4-1 基于 CML 法的技术框架

基于对目前的环境影响的研究以及地铁建设的污染排放的既有研究，本章研究选取了以下六类指标：全球变暖（GWP）、酸化（AP）、水体富营养化（EP）、非生物资源消耗（ADP）、人体毒性（HTP）、光化学烟雾（POCP）。其影响因素分别为：

GWP：CO_2、CH_4、N_2O；

AP：SO_2、NO_2、HCl、H_2S、NO_x；

EP：N_2O、NH_4^+、COD、BOD、NO_x；

ADP：$CaCO_3$、赤铁矿、原油、天然气、化石能源、水；

HTP：PM、SO_2、NO_2、NH_4^+；

POCP：C_2H_4、SO_2、CH_4、CO。

特征化是对清单分析结果进行统一的单位换算，并在一种影响类型内对换算结果进行合并。这一过程主要采用特征化因子进行计算，特征化的结果是一个定量的指标。本章采用的当量因子法，由于某一种环境影响类型并不是只有一种排放物引起，为了方便定量分析、统一单位，将所有的排放物按照一定的当量因子（也称特征化因子）转化为某一种代表物质的当量数。例如，计算全球变暖潜值时，将每种温室气体的 LCI 结果折合为二氧化碳当量，再对各种气体的计算结果进行合并就得到了以二氧化碳当量表述的参数结果。

（1）全球变暖（GWP）

全球变暖即温室效应。其产生原因是人们焚烧化石燃料时会产生大量的 CO_2 等温室气体，这些温室气体吸收了大气中的辐射，使得地球温度上升，从而引起全球变暖。结合建设期的污染排放与 CML 模型中的干扰物质，本章选定的引起全球变暖的物质为 CO_2、CH_4、N_2O。全球变暖也是目前全球重点关注的问题，在本章中，全球变暖也是重点考虑的影响类型。在该影响类型中采用的计算公式如式（4-1）所示。

$$全球变暖 = \Sigma GWP_i \times m_i \qquad (4\text{-}1)$$

式中：GWP_i 表示物质 i 的全球变暖特征化因子，单位为 kg（CO_2 eq.）/kg；m_i 表示物质 i 的清单分析结果，单位为 kg。

在该影响类型中，采用的当量是以 CO_2 的形式表示，其单位为 kg（CO_2 eq.）/kg。考虑的时间跨度为 100 年。

（2）酸化（AP）

酸化污染包括多种影响，如对土壤、地下水、地表水、生物有机体、生态系统和材料（建筑）的 pH 值下降的影响。本章选定的引起酸化污染的物质为 SO_2、NO_2、HCl、H_2S、NO_x、SO_3。考虑到在建设期，尤其是施工期，污染物的排放大多为硫化物与氮氧化物，因此该影响类型与全球变暖相同也是本次研究的重点关注类型。在该影响类型中采用的计算公式如式（4-2）所示。

$$酸化 = \Sigma AP_i \times m_i \qquad (4-2)$$

式中：AP_i 表示物质 i 的酸化特征化因子，单位为 kg（SO_2 eq.）/kg；m_i 表示物质 i 的清单分析结果，单位为 kg。

在该影响类型中，采用的当量是以 SO_2 的形式表示，其单位为 kg（SO_2 eq.）/kg。

（3）富营养化（EP）

富营养化是由于大量的元素含量过高引起的环境问题，其中主要的元素为 N 和 P。富营养化可能会导致物种的组成发生不良变化同时提高水生和陆地生态系统中某些生物的生产活动，从而导致水体生态平衡被破坏。本章选定的引起水体富营养化的物质包括 N_2O、NH_4^+、COD、BOD、NO_x。COD 为测量还原物被氧化需要的氧化剂的量，BOD 为微生物分解水中的有机物的需氧量，两者都可以表达水中污染物含量的参数。在该影响类型中采用的公式如式（4-3）所示。

$$富营养化 = \Sigma EP_i \times m_i \qquad (4-3)$$

式中：EP_i 表示物质 i 的富营养化特征化因子，单位为 kg（PO_4^{3-} eq.）/kg；m_i 表示物质 i 的清单分析结果，单位为 kg。

在该影响类型中，采用的当量是以磷酸根（PO_4^{3-}）表示，其单位为 kg（PO_4^{3-} eq.）/kg。

（4）非生物资源消耗（ADP）

非生物资源消耗是由指环境中的自然资源（包括能源）如铁矿、原油、风能等的非生命物质构成的资源的消耗。本章中主要考虑的是能源、水、铁矿石、石灰石，在该影响类型中采用的计算公式如式（4-4）所示。

$$非生物资源消耗 = \Sigma ADP_i \times m_i \qquad (4-4)$$

式中：ADP_i 表示物质 i 的非生物资源消耗特征化因子，单位为 MJ/kg；m_i 表示物质 i 的清单分析结果，单位为 kg。

在该影响类型中，采用的统一单位是以有效能（Energy）的形式表示，单位为 MJ/kg。考虑的时间跨度为 100 年。

（5）人体毒性（HTP）

一般是指外部的化学物质与人体接触或进入人体内后，能直接或间接引起损害的相对能力。本章选定的引起人体毒性的物质为 PM10、SO_2、NO_2、NH_4^+。在该影响类型中采用的公式如式（4-5）所示。

$$人体毒性 = \Sigma HTP_i \times m_i \qquad (4-5)$$

式中：HTP_i 表示物质 i 的人体毒性特征化因子，单位为 kg(1, 4-DCB eq.)/kg；m_i 表示物质 i 的清单分析结果，单位为 kg。

在该影响类型中，当量是以 1, 4 二氯苯（1, 4-DCB）表示，其单位为 kg(1, 4-DCB eq.)/kg。

（6）光化学烟雾（POCP）

光化学烟雾是地铁车站建设中排入大气的氮氧化物和碳氢化合物在阳光的作用下，发生的光化学反应而产生的二次污染物所引起的光化学烟雾现象。本章选定的引起光化学烟雾现象的物质为 HC、SO_2、CH_4、CO。在该影响类型中采用的公式如式（4-6）所示。

$$光化学烟雾 = \Sigma POCP_i \times m_i \tag{4-6}$$

式中：$POCP_i$ 表示物质 i 的光化学烟雾特征化因子，单位为 kg（C_2H_4 eq.）/kg；m_i 表示物质 i 的清单分析结果，单位为 kg。

在该影响类型中，采用的当量是以乙烯（C_2H_4）表示，其单位为 kg（C_2H_2 eq.）/kg。

经过汇总，环境影响类型的物质分类统计见表 4-1。

环境影响物质分类　　　　　　　　　　表 4-1

环境影响类型	物质	特征化单位
非生物资源消耗	能源，水，铁矿石，石灰石	MJ/kg
全球变暖	CO_2、CH_4、N_2O	kg（CO_2 eq.）/kg
酸化	SO_2、NO_2、HCl、H_2S、NO_x、SO_3	kg（SO_2 eq.）/kg
富营养化	N_2O、NH_4^+、COD、BOD、NO_x	kg（PO_4^{3-} eq.）/kg
人体毒性	PM10、SO_2、NO_2、NH_4^+	kg（1，4-DCB eq.）/kg
光化学烟雾	HC、SO_2、CH_4、CO	kg（C_2H_4 eq.）kg

在分类后进行特征化，其特征化公式已在分类中进行了介绍。在每个影响类型中的每个物质，其特征化因子均有不同。环境影响类型特征化因子见表 4-2。

环境影响类型特征化因子　　　　　　　　表 4-2

	环境影响类型	物质	特征化单位	特征化因子
1	全球变暖（GWP）	CO_2	kg（CO_2 eq.）	1
		CH_4		21
		N_2O		310
2	酸化（AP）	SO_2	kg（SO_2 eq.）	1
		NO_2		0.70
		HCl		0.88
		H_2S		1.88
		NO_x		0.70
		SO_3		0.80

续表

	环境影响类型	物质	特征化单位	特征化因子
3	水体富营养化 （EP）	PO_4^{3-}	$kg(PO_4^{3-}\ eq.)$	1
		N_2O		0.20
		NH_4^+		0.35
		COD		0.02
		NO_x		0.13
4	非生物资源消耗 （ADP）	石灰石	MJ	0.034
		赤铁矿		0.103
		化石能源		1
		水		0.53
5	人体毒性 （HTP）	1，4-DCB	$kg(1,4\text{-DCB eq.})$	1
		PM10		0.82
		SO_2		0.1
		NO_2		1.20
		NH_4^+		0.1
6	光化学烟雾 （POCP）	C_2H_4	$kg(C_2H_4\ eq.)$	1
		SO_2		0.05
		CH_4		0.01
		CO		0.03

在特征化后要进行标准化，对参数标准化是为了更好地分析地铁车站中每个参数的相对大小，以进行比较。在应用标准化中，其基准体系选择为 2000 年 CML 全球人均当量。根据此基准，标准化后的各个影响类型潜值可按式（4-2）～式（4-6）计算。全球人均当量的基准值见表 4-3。

环境影响评价全球人均当量基准值　　　　　　　　表 4-3

	环境影响类型	基准单位	人均当量基准值（2000）
1	GWP	$kg(CO_2\ eq.)/(yr \cdot capita)$	6.83E+03
2	AP	$kg(SO_2\ eq.)/(yr \cdot capita)$	5.29E+01
3	EP	$kg(PO_4^{3-}\ eq.)/(yr \cdot capita)$	2.28E+01
4	ADP	$MJ/(yr \cdot capita)$	6.27E+04
5	HTP	$kg(1,4\text{-DCB eq.})/(yr \cdot capita)$	8.80E+03
6	POCP	$kg(C_2H_4\ eq.)/(yr \cdot capita)$	8.04E+00

标准化的目的是为了更好地认识所研究的产品系统中每个类型参数结果的相对大小，也便于比较不同类别的环境影响类型。方法是通过选定一个基准值作除数对不同环境影响类型的特征化结果进行转化，结果是统一了不同影响类型的标准化后结果的单位，方便分析不同环境影响类型影响的相对大小。本章基准值选择为 2010 年全球范围内的人均排放总量。

4.2　基于中点模型的明挖车站建设期环境影响分析

4.2.1　案例车站概况

案例选取的三个车站均为北京地铁某线路的地下车站。其基本信息汇总见表 4-4。

案例车站基本信息比较　　　　　　　　　　表 4-4

	案例一	案例二	案例三
施工方法	全部明挖	两端明挖＋中间单洞暗挖＋局部暗挖	左端明挖＋右端暗挖
车站类型	中间站	换乘站	中间站
车站结构	双层双柱三跨岛式	三层双柱三跨岛式	双层（局部三层）双柱三跨岛式
附属结构	6 个出入口 3 个安全口 2 组风亭	4 个出入口 6 个安全出口 5 组风亭 4 个换乘通道 1 个换乘大厅	4 个出入口 2 个安全口 2 组风亭 2 个无障碍口
埋深	车站中心顶板覆土厚度为 3.75m	明挖开挖深度 27.455m 暗挖单洞覆土深度 11.795m 局部双层暗挖覆土深度 8.7m	明挖开挖深度 25.13m 暗挖覆土深度 8.3～11m
形式	总长 299.9m 标准段宽 21.1m 有效站台宽度 12m	总长 313.2m 明挖 131＋118.7m 暗挖 45m＋18.5m 标准段宽度 23.1m 有效站台宽度 14m	总长 252m 明挖 55m 暗挖 197m 标准段宽度 23.3m 有效站台宽度 14m
围护结构	Φ800 钻孔灌注桩＋基坑内支撑体系	Φ1000@1500mm 钻孔灌注桩＋基坑内支撑体系，嵌固深度为基底以下 6.0m	Φ1000@1300mm 钻孔灌注桩＋基坑内支撑体系，嵌固深度为基底以下 7.0m

4.2.2 车站计算结果及分析

1. 案例一车站

（1）主体结构与附属结构的比较

用雷达图对车站主体结构和附属结构的影响潜值进行比较，如图 4-2 所示。

根据图 4-2，车站主体结构与附属结构的形状较为相同，只是大小不同。从图中可以首先分析出，不管在任何阶段，非生物资源消耗与全球变暖的值都是较大的。在特征化步骤中，富营养化与人体毒性中的物质数量与其他影响类型相比较少。根据计算，主体结构各项环境影响约为附属结构的 5 倍，与主体结构和

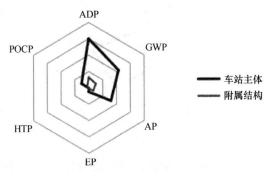

图 4-2 案例一车站主体结构与附属结构
标准化环境影响潜值

附属结构的建筑面积大小比值较为相同，因此可以推断出车站对环境的影响与结构规模是相关的。

之后分别对车站主体结构和附属结构的各个部分进行比较，可以看到两者的关系如图 4-3 和图 4-4 所示。

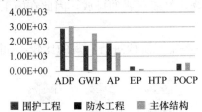

图 4-3 案例一车站主体标准化
环境影响潜值

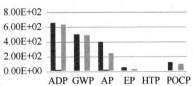

图 4-4 案例一车站附属结构标准化
环境影响潜值

案例一车站主体中，各个环境影响类型中，围护工程和主体结构所占比例最重，防水工程最小。其中，在全球变暖影响类型中，主体结构影响要高于围护工程，其余均为前者较小。其原因在于围护工程中需要开挖土方，架设钢支撑，其施工阶段占较大部分，产生的能量、酸性物质较多，温室气体排放较少。因此对于以碳排放为当量的全球变暖 GWP，围护工程小于主体结构。而在车站附属结构，车站土建工程的围护结构工程量要小于主体结构，且比重没有车站主体的大，因此总结来看，数据结果如图 4-5 与图 4-6 所示。总体来看，各个环境影响

类型的值大小依次是：ADP 为 4.91E＋03、GWP 为 3.59E＋03、AP 为 2.82E＋03、POCP 为 8.39E＋02、EP 为 4.49E＋02、HTP 为 9.24E＋00，ADP 最大，HTP 最小。

（2）车站物化阶段与施工阶段的比较

用雷达图对车站物化阶段与施工阶段的影响潜值进行比较，如图 4-5、图 4-6 所示。

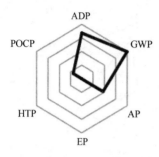 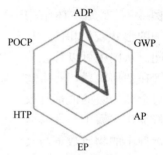

图 4-5　案例一车站物化阶段　　　　图 4-6　案例一车站施工阶段
　　　　环境影响潜值　　　　　　　　　　　　环境影响潜值

从图 4-5 与图 4-6 可以看出，建材生产和施工阶段的大致形状有明显不同。在建设期，化石能源、水电、石灰石与铁矿石的消耗都较为严重，较为不同的是，影响类型中的全球变暖与酸化有明显的不同。原因是在建材生产阶段，原材料的加工产生的温室气体排放污染较多，而在施工阶段，大型机械的操作除产生了大量的温室气体之外，还有很多的硫化物、氮氧化物的排放，因此在施工阶段酸化的影响要高于全球变暖潜值。

为了进一步分析对比，将建材生产阶段与施工阶段进行直观的比较，如图 4-7 所示。

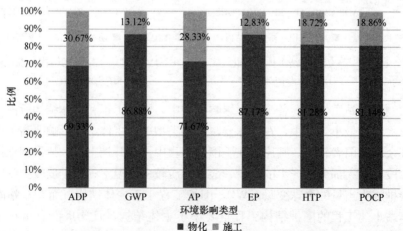

图 4-7　案例一车站材料物化阶段与施工阶段环境影响

从柱状图中材料物化阶段和施工阶段所占的比值情况可以看出酸化影响中施工阶段所占比例为 28%，非生物资源消耗影响类型中施工阶段所占比例为 30%，两者施工阶段的影响所占比例要高与其他类型。在基坑工程中，大部分的工作是进行基坑的开挖与支撑体系的架设。在这两步中，大多是机械施工，尤其是基坑开挖，消耗了很多的能源资源且排放了较多的酸化物质，几乎不消耗材料。而在车站主体结构建设阶段，建筑材料的使用要远远高于人工机械的使用，可达到几倍之多，因此汇总来看，ADP 和 AP 的物化阶段比重较大，但未到 50%。

2. 案例二车站

（1）主体结构与附属结构的比较

用雷达图对车站主体结构和附属结构的影响潜值进行比较，如图 4-8 所示。

根据图 4-8，由于此次车站为换乘车站，其换乘大厅、换乘通道与出入口等附属结构的规模要远大于普通车站，就建筑面积与投资金额来说，附属结构的面积与投资额也同车站主体基本相同。同时，该车站的附属结构中，换乘通道与大厅都是采用暗挖法施工，虽然建筑面积与主体相差不大，但其环境影响总结来看要略大于车站主体。

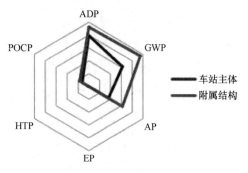

图 4-8　案例二车站主体结构与附属结构
标准化环境影响潜值

之后分别对车站主体结构和附属结构的各个部分进行比较，可以看到两者的关系如图 4-9 与图 4-10 所示。

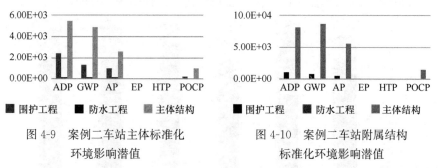

图 4-9　案例二车站主体标准化
环境影响潜值

图 4-10　案例二车站附属结构
标准化环境影响潜值

案例二车站的主体结构与附属结构中，各个环境影响类型的值分别是：ADP 为 7.93E+03、GWP 为 6.22E+03、AP 为 3.64E+03、POCP 为 1.24E+03、EP 为 9.59E+00、HTP 为 1.11E+01。从图 4-9、图 4-10 中发现，ADP 影响最大，HTP 影响最小。车站建设消耗了很多资源能源，因此非生物资源消耗

ADP 是最大的。而材料物化阶段与施工阶段分别产生了较多的二氧化碳等温室气体，造成了对全球变暖潜值的影响其次。位于最后的人体毒性 HTP 影响类型中的物质主要为 PM10，该物质主要在施工阶段产生，同时在标准化时其重要程度要次于其他影响类型，最终结果使得 HTP 的影响是最小的。而在车站主体和附属结构中，由于此次车站考虑了暗挖施工部分，因此在主体结构施工上的能耗、污染等要远远高于土方开挖，也就使得主体结构对环境污染的影响要高于围护工程。

（2）车站物化阶段与施工阶段的比较

用雷达图对车站物化阶段与施工阶段的影响潜值进行比较，如图 4-11、图 4-12所示。

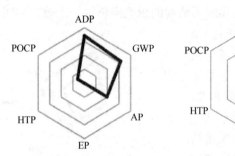

图 4-11　案例二车站物化阶段　　　图 4-12　案例二车站施工阶段
　　　环境影响潜值　　　　　　　　　　　环境影响潜值

与案例一相同，案例二车站的施工阶段的 GWP 影响较物化阶段相比有了很明显的减少，原因也基本相同，在此就不多做分析。

将材料物化阶段与施工阶段进行直观的比较，如图 4-13 所示。

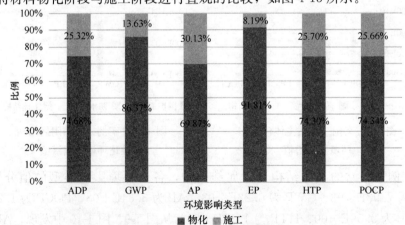

图 4-13　案例二车站材料物化阶段与施工阶段环境影响

案例二车站的施工阶段所占建设期比例依次为：AP 占 30%、ADP 占 25%、GWP 占 13%、HTP 占 25%、POCP 占 25%、EP 占 8%。其中 AP 的施工阶段占建设期的比重最大，ADP 其次，EP 最小。在施工阶段使用的机械，大多以电力消耗为主，但消耗的柴油量也很多，那么产生的酸性气体对环境酸化也会有很大的影响，因此 AP 比重很大。而 EP 环境影响类型中的物质在施工时产生的较少，因此该影响类型为最小。

3. 案例三车站

（1）主体结构与附属结构的比较

用雷达图对车站主体结构和附属结构的影响潜值进行比较，如图 4-14 所示。

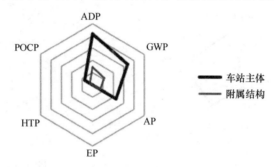

图 4-14　案例三车站主体结构与附属结构标准化环境影响潜值

案例三车站主体和附属结构的雷达图形状与案例一、二基本一致。且 ADP 的环境贡献最大。案例三车站为明暗挖工法结合的车站，且车站暗挖部分占较大比例，使得车站主体的环境影响贡献较大。同时该车站的出入口等附属结构也不算很多，与主体相比就有了很明显的差距。

之后分别对车站主体结构和附属结构的各个部分进行比较，可以看到两者的关系如图 4-15 与图 4-16 所示。

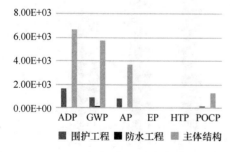

图 4-15　案例三车站主体标准化环境影响潜值

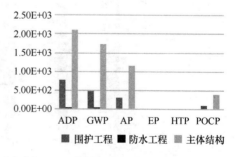

图 4-16　案例三车站附属结构标准化环境影响潜值

案例三车站的环境影响贡献情况与案例一、二的结果基本相同。不同之处在于车站主体和附属结构中，围护工程与主体结构施工之间相差很多。原因还是在于该车站实际上是以暗挖为主的车站，对本次围护工程考虑的土方开挖与支撑影响很小，因此会有如图 4-15 和图 4-16 的结果。

（2）车站物化阶段与施工阶段的比较

案例三车站的建设期物化阶段与施工阶段的环境影响如图 4-17 和图 4-18 所示。在图中，与案例一、二车站相比有很明显不同之处在于酸化环境影响有了很明显的增长。原因在于该车站的暗挖部分比重很大，而暗挖施工时的施工机械使用情况与明挖有很明显的不同，使用量大且时间长。在机械使用时燃烧柴油产生的大量酸性气体对环境酸化有很严重的影响，因此施工阶段的 AP 产生变化。

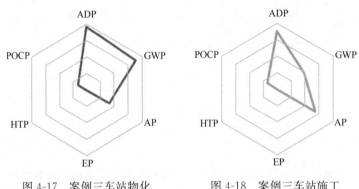

图 4-17　案例三车站物化　　　图 4-18　案例三车站施工
　　　阶段环境影响潜值　　　　　　　　阶段环境影响潜值

为了进一步分析对比，将该车站物化阶段与施工阶段的环境影响进行直观的比较，如图 4-19 所示。

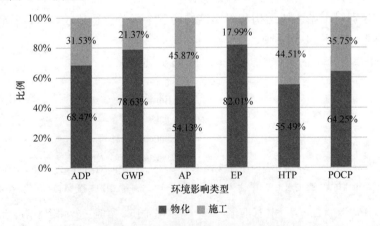

图 4-19　案例三车站材料物化阶段与施工阶段环境影响

案例三车站各个施工阶段占建设期的比例要略高于案例一车站与案例二车站。酸化影响中的施工比例达到 46%，原因与对雷达图的分析是基本相同的。在暗挖阶段，施工的机械成为影响较大的因素，产生的酸性气体及 PM10 都增多，使得酸化与人体毒性的施工比重增大，同样也使得其他影响类型均有不同程度的增加。

4.3　基于中点模型的暗挖车站建设期环境影响分析

4.3.1　过程分解

1. 地铁暗挖车站施工项目分解

随着浅埋暗挖法的施工技术愈来愈成熟，其在城市轨道交通土建工程的应用愈来愈广泛。以 PBAI 法为例，PBA 的施工流程为：围护结构施工→管井降水→竖井施工→横通道开挖和支护→主体导洞开挖→施工小导洞→在小导洞内施作洞桩（钻孔桩）、桩顶冠梁、边拱格栅和导洞回填→施工断面上部初支和二次衬砌（扣拱）→开挖下部土体至底板→顺作底板和边墙→施工内部结构等。

2. 案例车站概况

案例车站为地下二层直墙三联拱岛式车站，全长 225.8m，总宽 21.1m，拱顶覆土厚度约为 8.9m，底板埋深约 25m。采用暗挖 PBA 工法，逆筑施工。附属结构采用明挖与暗挖结合法施工，站端接暗挖法区间。本站附属结构共设 2 个出入口、2 个风道、1 个安全疏散通道。

4.3.2　分部工程计算结果及分析

1. 车站主体结构

表 4-5 所示为车站主体在建设期对环境的影响，图 4-20 所示为车站主体建材与施工比较图。从图表中可以看出，在六类指标中，由建筑材料产生的部分均占较大比重。例如 GWP 和 EP，建材分别是机械的 6.11 倍和 4.2 倍，而对于其他四类指标，建材也比机械高 2 倍以上。造成这一结果的主要原因是在车站主体的建设过程中使用了大量的钢筋和混凝土，这两种建材产生了大量的温室气体和酸性气体。在施工阶段使用的机械，大多以消耗电力为主，但消耗的柴油量也很多，因此产生的酸性气体对环境酸化也会有很大的影响，因此 AP 比重很大。

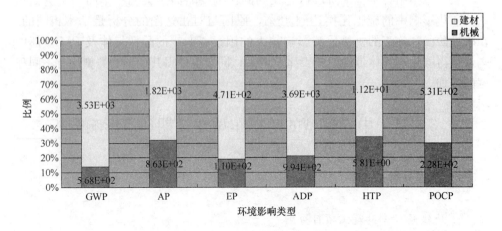

图 4-20　车站主体建材与施工比较图

车站主体建设期对环境的影响　　　　　　　　表 4-5

标准化结果	机械	建材	总计
全球变暖（GWP）	5.78E+02	3.53E+03	4.11E+03
酸化（AP）	8.77E+02	1.82E+03	2.69E+03
水体富营养化（EP）	1.12E+02	4.71E+02	5.83E+02
非生物资源消耗（ADP）	1.01E+03	3.69E+03	4.70E+03
人体毒性（HTP）	5.91E+00	1.12E+01	1.71E+01
光化学烟雾（POCP）	2.32E+02	5.31E+02	7.64E+02

2. 1号竖井及横通道兼1号风道

表 4-6 所示为1号竖井及横通道兼1号风道建设期环境影响，图 4-21 所示为1号竖井及横通道兼1号风道建材与施工比较图。从图表中可以看出，在六类指标中，建材部分均占较大比重，高达 60%，尤其是 GWP，达到 80% 以上。主要原因是竖井开挖工程为明挖土方，除了机械部分对环境的影响，更多的是钢筋的使用，故而排放了较多的温室气体；其次，其机械用量比例明显会低于暗挖时采用的机械量，故而建材部分比例也会相对地提高；导致了 GWP 指标的建材比例会明显大于其他指标的建材比例，增幅将近 20% 的比例。

1 号竖井及横通道兼 1 号风道建设期环境影响 表 4-6

标准化结果	机械	建材	总计
全球变暖（GWP）	1.01E+02	5.17E+02	6.18E+02
酸化（AP）	1.54E+02	1.81E+02	3.35E+02
水体富营养化（EP）	1.94E+01	3.43E+01	5.37E+01
非生物资源消耗（ADP）	1.91E+02	3.32E+02	5.23E+02
人体毒性（HTP）	9.35E-01	1.63E+00	2.56E+00
光化学烟雾（POCP）	3.83E+01	7.59E+01	1.14E+02

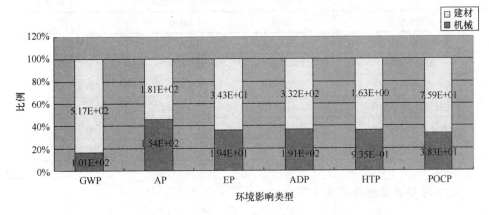

图 4-21　1 号竖井及横通道兼 1 号风道建材与施工比较图

3. 2 号竖井及横通道兼 2 号风道

表 4-7 所示为 2 号竖井及横通道兼 2 号风道建设期环境影响，图 4-22 所示为

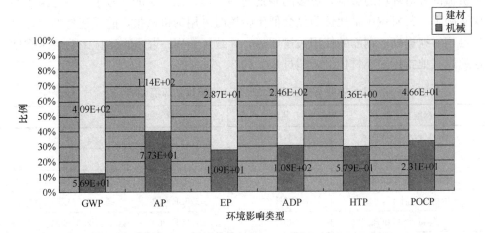

图 4-22　2 号竖井及横通道兼 2 号风道建材与施工比较图

2号竖井及横通道兼2号风道建材与施工比较图。从图表中可以看出，在六类指标中，建材部分均占较大比重，平均达到了70%，尤其是GWP，达到85%以上。主要原因与1号竖井相同，竖井开挖工程为明挖土方，除了机械部分对环境的影响，更多的是钢筋的使用，故而排放了较多的温室气体；其次，其机械用量比例明显会低于暗挖时采用的机械量，故而建材部分比例也会相对地提高；导致了GWP指标的建材比例会明显大于其他指标的建材比例，增幅至少20%的比例。

2号竖井及横通道兼2号风道建设期环境影响 表4-7

标准化结果	机械	建材	总计
全球变暖（GWP）	5.69E+01	4.09E+02	4.66E+02
酸化（AP）	7.73E+01	1.14E+02	1.92E+02
水体富营养化（EP）	1.09E+01	2.87E+01	3.95E+01
非生物资源消耗（ADP）	1.08E+02	2.46E+02	3.54E+02
人体毒性（HTP）	5.79E−01	1.36E+00	1.94E+00
光化学烟雾（POCP）	2.31E+01	4.66E+01	6.97E+01

4. 3号竖井及横通道兼3号出入口

表4-8所示为3号竖井及横通道兼3号出入口建设期环境影响，图4-23所示为3号竖井及横通道兼3号出入口建材与施工比较图。从图表中可以看出，在六类指标中，建材部分均占较大比重，平均达到了80%，尤其是GWP，几乎全为建材部分。其一部分的排放与1号竖井来源相同，竖井开挖工程为明挖土方，除了机械部分对环境的影响，更多的是钢筋的使用，该车站的3号出入口也采用明挖法施工，其机械用量比例明显会低于暗挖时采用的机械量，故而建材部分比例也会相对地提高，钢筋的使用大量增加，导致了GWP指标的建材比例会压倒性地超过其他指标的建材比例，超过了大约30%左右。

3号竖井及横通道兼3号出入口建设期环境影响 表4-8

标准化结果	机械	建材	总计
全球变暖（GWP）	5.34E+01	1.83E+04	1.84E+04
酸化（AP）	8.11E+01	1.56E+02	2.37E+02
水体富营养化（EP）	1.05E+01	3.29E+01	4.33E+01
非生物资源消耗（ADP）	1.03E+02	3.52E+02	4.55E+02
人体毒性（HTP）	5.43E−01	1.50E+00	2.04E+00
光化学烟雾（POCP）	2.14E+01	6.40E+01	8.54E+01

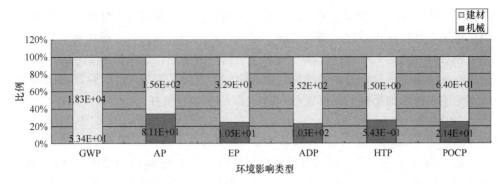

图 4-23　3 号竖井及横通道兼 3 号出入口建材与施工比较图

5. 1 号出入口

表 4-9 所示为 1 号出入口建设期环境影响，图 4-24 所示为 1 号出入口建材与施工比较图。从图表中可以看出，在六类指标中，建材部分均占较大比重，平均

1 号出入口建设期环境影响　　　　　　表 4-9

标准化结果	机械	建材	总计
全球变暖（GWP）	3.42E+01	2.09E+02	2.44E+02
酸化（AP）	5.21E+01	7.27E+01	1.25E+02
水体富营养化（EP）	6.53E+00	1.39E+01	2.05E+01
非生物资源消耗（ADP）	6.48E+01	1.71E+02	2.35E+02
人体毒性（HTP）	3.49E−01	6.67E−01	1.02E+00
光化学烟雾（POCP）	1.38E+01	2.94E+01	4.32E+01

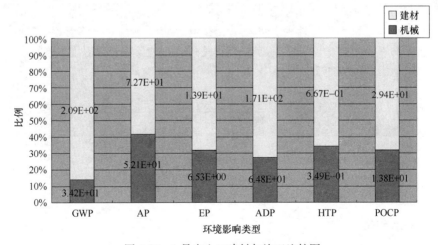

图 4-24　1 号出入口建材与施工比较图

达到了 70% 左右，尤其是 GWP，高达 85% 左右。主要是因为 1 号出入口采用明挖法施工，其机械用量比例明显会低于暗挖时采用的机械量，故而建材部分比例也会相对地提高；对环境的影响，更多的是钢筋的使用，该车站的 3 号出入口也采用明挖法施工，故而其钢筋的使用大量增加，导致了 GWP 指标的建材比例会压倒性地超过其他指标的建材比例，超过了大约 30% 左右。

6. 安全疏散口

表 4-10 所示为安全疏散口建设期环境影响，图 4-25 所示为安全疏散口建材与施工比较图。从图表中可以看出，在六类指标中，建材部分均占较大比重。尤其是 GWP，机械高达建材的 10 倍多；其他五类指标，机械与建材的比例也均高于 2 倍。主要原因是在车站主体建设过程中消耗的大量的钢筋和混凝土，这两种建材产生了大量的温室气体。

安全疏散口建设期环境影响　　　　　　　　　　　　　　表 4-10

标准化结果	机械	建材	总计
全球变暖（GWP）	8.46E+00	9.04E+01	9.89E+01
酸化（AP）	1.26E+01	2.36E+01	3.61E+01
水体富营养化（EP）	1.85E+00	6.04E+00	7.88E+00
非生物资源消耗（ADP）	1.71E+01	4.90E+01	6.61E+01
人体毒性（HTP）	8.57E-02	2.72E-01	3.57E-01
光化学烟雾（POCP）	5.96E+00	1.89E+01	2.49E+01

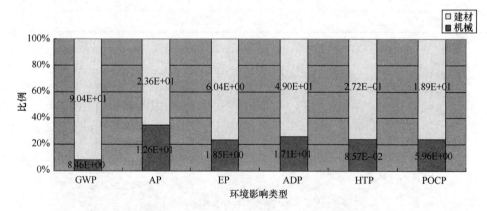

图 4-25　安全疏散口建材与施工比较图

7. 降水工程

表 4-11 所示为降水工程建设期环境影响，图 4-26 所示为降水工程建材与施

降水工程建设期环境影响　　　　　　　表 4-11

标准化结果	机械	建材	总计
全球变暖（GWP）	7.00E＋00	6.70E－01	7.67E＋00
酸化（AP）	1.05E＋01	2.26E－01	1.08E＋01
水体富营养化（EP）	1.46E＋00	3.33E－02	1.49E＋00
非生物资源消耗（ADP）	1.44E＋01	1.00E＋00	1.54E＋01
人体毒性（HTP）	7.20E－02	8.46E－04	7.29E－02
光化学烟雾（POCP）	2.76E＋00	8.76E－02	2.85E＋00

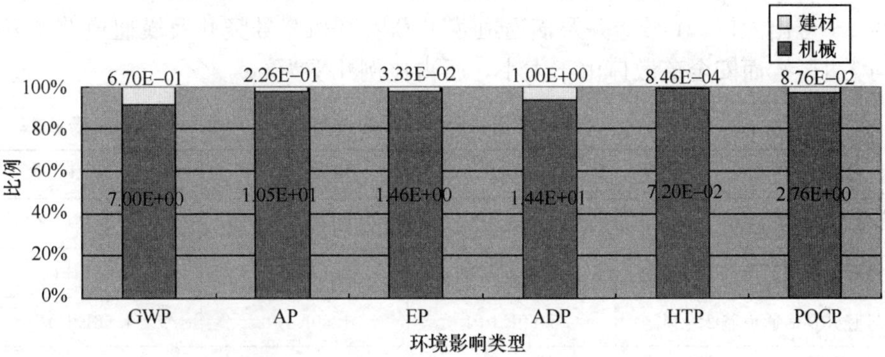

图 4-26　降水工程建材与施工比较图

工比较图。从图表中可以看出，在六类指标中，机械部分占了几乎全部比重，主要是因为降水工程一般通过管井降水，包括前期的管井安装以及后期的管井抽水都是高耗能的，所以各项指标的主要部分都是机械部分。其中对于 GWP 指标，建材部分会明显大于其他指标，主要是因为在降水工程里大量使用了 PVC 防水板，这种建材会排放大量的温室气体。

8. 分析比较

（1）共性

针对单个分部工程进行研究，除了降水工程外，建材部分产生的环境影响都大于施工部分机械产生的环境影响，而且是占主要影响，并在所选取分类指标中，比例相差不多。对于 GWP，建材部分占 80％～90％；对于 AP，建材部分占 45％～65％；对于 EP、ADP、HTP、POCP 这四类指标几乎同步，建材部分占 70％～80％。

（2）差异性

降水工程比例明显与其他几项工程有所差异，其机械部分占了 95％以上的比例，这取决于降水工程采用管井降水，在此施工过程中建材投入远少于机械投入，这就决定了降水工程投入使用的机械产生的环境影响大于建材的环境影响。

4.3.3　分部工程影响类别比较分析

1. 全球变暖（GWP）

表4-12所示为分部工程GWP的影响分布，图4-27所示为分部工程GWP比较图，从中可以看出，对于GWP这项指标，3号竖井及横通道兼3号出入口占了最大的比例，为44%；其次为降水工程，为43%；再其次为车站主体，为10%；1号出入口、1号竖井及横通道兼1号风道和2号竖井及横通道兼2号风道均为1%；而安全疏散口由于太小，所占比例几乎为0。

分部工程 GWP 的影响分布　　　　　　　　　　表 4-12

	机械	建材	总计
车站主体	5.78E+02	3.53E+03	4.11E+03
1号竖井及横通道兼1号风道	1.01E+02	5.17E+02	6.18E+02
2号竖井及横通道兼2号风道	5.69E+01	4.09E+02	4.66E+02
3号竖井及横通道兼3号出入口	5.34E+01	1.83E+04	1.84E+04
安全疏散口	8.46E+00	9.89E+01	1.07E+02
降水工程	5.16E+01	1.83E+04	1.83E+04
1号出入口	3.42E+01	2.09E+02	2.44E+02
总计	8.83E+02	4.14E+04	4.22E+04

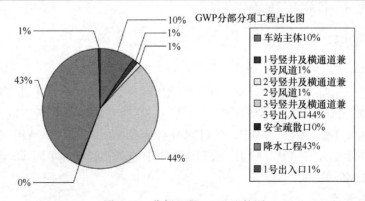

图 4-27　分部工程 GWP 比较图

2. 酸化（AP）

表 4-13 所示为分部工程 AP 的影响分布，图 4-28 所示为分部工程 AP 比较图。从中可以看出，对于 AP 这项指标，车站主体占了最大的比例，为 74%；其次为 1 号竖井及横通道兼 1 号风道，为 9%；再其次为 3 号竖井及横通道兼 3 号出入口，为 7%；2 号竖井及横通道兼 2 号风道为 5%；1 号出入口为 4%；安全疏散口为 1%；降水工程最小。

分部工程 AP 的影响分布　　　　　　　　　　表 4-13

	机械	建材	总计
车站主体	8.77E+02	1.82E+03	2.69E+03
1 号竖井及横通道兼 1 号风道	1.54E+02	1.81E+02	3.35E+02
2 号竖井及横通道兼 2 号风道	7.73E+01	1.14E+02	1.92E+02
3 号竖井及横通道兼 3 号出入口	8.11E+01	1.56E+02	2.37E+02
安全疏散口	1.26E+02	2.36E+01	3.61E+01
降水工程	1.05E+01	2.26E−01	1.08E+01
1 号出入口	5.21E+01	7.27E+01	1.25E+02
总计	1.26E+03	2.36E+03	3.63E+03

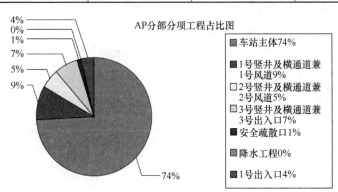

图 4-28　分部工程 AP 比较图

3. 水体富营养化（EP）

表 4-14 和图 4-29 是对指标 EP 在建设期对环境的影响汇总。从中可以看出，对于 EP 这项指标，车站主体占了最大的比例，为 85%；其次为 1 号竖井及横通道兼 1 号风道，为 6%；再其次为 3 号竖井及横通道兼 3 号出入口，为 4%；2 号竖井及横通道兼 2 号风道为 3%；1 号出入口为 1%，安全疏散口为 1%，降水工程最小。

分部工程 EP 的影响分布　　　　　　　　　表 4-14

	机械	建材	总计
车站主体	1.09E+02	7.94E+02	9.03E+02
1 号竖井及横通道兼 1 号风道	1.88E+01	4.10E+01	5.98E+01
2 号竖井及横通道兼 2 号风道	1.05E+01	2.54E+01	3.59E+01
3 号竖井及横通道兼 3 号出入口	9.64E+00	2.92E+01	3.88E+01
安全疏散口	1.48E+00	4.40E+00	5.88E+00
降水工程	1.46E+00	3.33E−02	1.49E+00
1 号出入口	6.53E+00	1.39E+01	2.05E+01
总计	1.57E+02	9.08E+02	1.07E+03

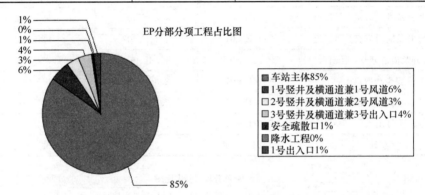

图 4-29　分部工程 EP 比较图

4. 非生物资源消耗（ADP）

表 4-15 所示为分部工程 ADP 的影响分布，图 4-30 所示为分部工程 ADP 比

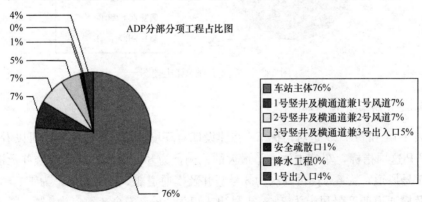

图 4-30　分部工程 ADP 比较图

分部工程 ADP 的影响分布　　　　　　　　　　表 4-15

	机械	建材	总计
车站主体	9.80E+02	5.49E+03	6.47E+03
1号竖井及横通道兼1号风道	1.86E+02	4.36E+02	6.22E+02
2号竖井及横通道兼2号风道	1.86E+02	4.36E+02	6.22E+02
3号竖井及横通道兼3号出入口	9.55E+01	3.67E+02	4.62E+02
安全疏散口	1.33E+01	5.58E+01	6.91E+01
降水工程	1.44E+01	1.00E+00	1.54E+01
1号出入口	6.48E+01	1.71E+02	2.35E+02
总计	1.54E+03	6.96E+03	8.50E+03

较图。从中可以看出，对于 ADP 这项指标，车站主体占了最大的比例，为76%；其次为 1 号竖井及横通道兼 1 号风道，为 7%；再其次为 2 号竖井及横通道兼 2 号风道，为 7%；3 号竖井及横通道兼 3 号出入口为 5%；1 号出入口为4%；安全疏散口为 1%；降水工程最小。

5. 人体毒性（HTP）

表 4-16 所示为分部工程 HTP 的影响分布，图 4-31 所示为分部工程 HTP 比较图。从中可以看出，对于 HTP 这项指标，车站主体占了最大的比例，为72%；其次为 1 号竖井及横通道兼 1 号风道，为 10%；再其次为 3 号竖井及横通道兼 3 号出入口，为 7%；2 号竖井及横通道兼 2 号风道，为 6%；1 号出入口为 4%；安全疏散口为 1%；降水工程最小。

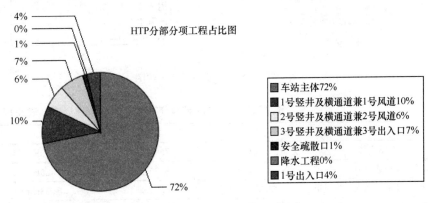

图 4-31　分部工程 HTP 比较图

分部工程 HTP 的影响分布　　　　　　　　　　表 4-16

	机械	建材	总计
车站主体	5.84E+00	1.43E+01	2.02E+01
1 号竖井及横通道兼 1 号风道	9.22E−01	1.94E+00	2.86E+00
2 号竖井及横通道兼 2 号风道	5.71E−01	1.19E+00	1.76E+00
3 号竖井及横通道兼 3 号出入口	5.24E−01	1.33E+00	1.86E+00
安全疏散口	7.70E−02	1.97E−01	2.74E−01
降水工程	7.20E−02	8.46E−04	7.29E−02
1 号出入口	3.49E−01	6.67E−01	1.02E+00
总计	8.35E+00	1.97E+01	2.80E+01

6. 光化学烟雾（POCP）

表 4-17 所示为分部工程 POCP 的影响分布，图 4-32 所示为分部工程 POCP 比较图。从中可以看出，对于 POCP 这项指标，车站主体占了最大的比例，为 78%；其次为 1 号竖井及横通道兼 1 号风道，为 10%；再其次 2 号竖井及横通道兼 2 号风道与 3 号竖井及横通道兼 3 号出入口占比相同，为 5%；安全疏散口与 1 号出入口占比相同，为 2%；最小的仍然是降水工程。

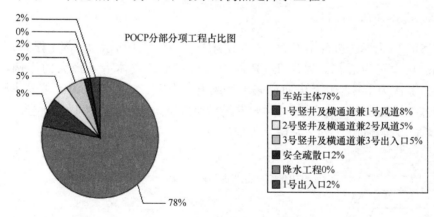

图 4-32　分部工程 POCP 比较图

分部工程 POCP 的影响分布　　　　　　　　　　表 4-17

	机械	建材	总计
车站主体	4.88E+02	7.91E+02	1.28E+03
1 号竖井及横通道兼 1 号风道	3.80E+01	8.99E+01	1.28E+02
2 号竖井及横通道兼 2 号风道	2.29E+01	5.24E+01	7.53E+01
3 号竖井及横通道兼 3 号出入口	2.10E+01	6.45E+01	8.55E+01
安全疏散口	5.78E+00	1.93E+01	2.51E+01

续表

	机械	建材	总计
降水工程	2.76E+00	8.76E−02	2.85E+00
1 号出入口	1.38E+01	2.94E+01	4.32E+01
总计	5.92E+02	1.05E+03	1.64E+03

4.4　基于施工组织进度计划的环境影响分析

4.4.1　基于时间进度的环境影响

本节基于案例车站的施工组织进度计划，以 GWP 为例，研究施工环境影响在时间上的分布规律，为城市管理者在准确量化评估轨道交通工程建设期间的环境影响提供参考，也为建设单位均衡工程施工期间的环境影响提供帮助。

图 4-33 与图 4-34 所示为案例车站施工组织进度计划。

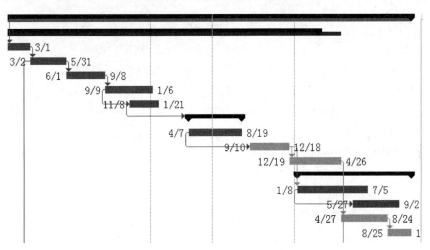

图 4-33　案例车站施工组织进度计划图

通过计算每个工序的环境影响，并结合施工工序的工期，将其平均到时间轴上，就可以得到工程随时间的环境影响。具体的计算公式如下：

$$C_{i,y} = \sum Z \cdot C_{x,l} \tag{4-7}$$

式中：$C_{i,y}$ 为第 i 年第 y 个月的环境影响排放量；Z 为第 i 个月包含的工作日；$C_{x,l}$ 为单位工作日 x 个工序第 l 种环境影响排放。其中，l 取指标缩写前两个字母。

◢车站施工计划工期	2014年1月1日	2016年10月26日
◢车站主体计划工期	2014年1月1日	2016年3月1日
地面降水井施工	2014年1月1日	2014年3月1日
（1、2、3号）竖井施工	2014年3月2日	2014年5月31日
横通道开挖及支护	2014年6月1日	2014年9月8日
主体导洞开挖与支护	2014年9月9日	2015年1月6日
边桩及钢管柱成孔	2014年11月8日	2015年1月21日
◢梁柱体系施工	2015年4月7日	2015年8月19日
初支及二次衬砌扣拱施工	2015年4月7日	2015年8月19日
站厅层施工	2015年9月10日	2015年12月18日
站台层施工	2015年12月19日	2016年4月26日
◢六营门站附属计划工期	2016年1月8日	2016年10月26日
1、3号出入口	2016年1月8日	2016年7月5日
1、2号风道及安全疏散口	2016年5月27日	2016年9月23日
二次结构	2016年4月27日	2016年8月24日
站前广场及竣工验收	2016年8月25日	2016年10月26日

图 4-34　案例车站施工组织进度计划

经过整理，得到对应于施工组织进度计划的环境影响，见表 4-18。

通过表 4-18 和式（4-7）就可以计算出每个月份的环境影响排放。下面以 2014 年 1 月（只包含单一工序）和 2014 年 11 月（包含多个工序）进行解释说明。

2014 年 1 月，环境影响值为：

GWP：$C_{14,1}=31\times C_{1,\mathrm{GW}}=31\times 7.67\mathrm{E}+00/60=3.96\mathrm{E}+00$

AP：$C_{14,1}=31\times C_{1,\mathrm{AP}}=31\times 1.08\mathrm{E}+01/60=5.56\mathrm{E}+00$

EP：$C_{14,1}=31\times C_{1,\mathrm{EP}}=31\times 1.49\mathrm{E}+00/60=7.71\mathrm{E}-01$

ADP：$C_{14,1}=31\times C_{1,\mathrm{AD}}=31\times 1.54\mathrm{E}+01/60=7.94\mathrm{E}+00$

HTP：$C_{14,1}=31\times C_{1,\mathrm{HT}}=31\times 7.29\mathrm{E}-02/60=3.76\mathrm{E}-02$

POCP：$C_{14,1}=31\times C_{1,\mathrm{PO}}=31\times 2.85\mathrm{E}+00/60=1.47\mathrm{E}+00$

2014 年 11 月，环境影响值为：

GWP：$C_{14,11}=30\times C_{4,\mathrm{GW}}/120+30\times C_{5,\mathrm{GW}}/75$
$=30\times 9.65\mathrm{E}+00/120+30\times 8.11\mathrm{E}+01/75=2.62\mathrm{E}+01$

AP：$C_{14,11}=30\times C_{4,\mathrm{AP}}/120+30\times C_{5,\mathrm{AP}}/75$
$=30\times 6.02\mathrm{E}+00/120+30\times 3.27\mathrm{E}+01/75=1.11\mathrm{E}+01$

EP：$C_{14,11}=30\times C_{4,\mathrm{EP}}/120+30\times C_{5,\mathrm{EP}}/75$
$=30\times 1.06\mathrm{E}+00/120+30\times 4.22\mathrm{E}+00/75=1.50\mathrm{E}+00$

ADP：$C_{14,11}=30\times C_{4,\mathrm{AD}}/120+30\times C_{5,\mathrm{AD}}/75$
$=30\times 1.24\mathrm{E}+01/120+30\times 1.14\mathrm{E}+02/75=3.65\mathrm{E}+01$

HTP：$C_{14,11}=30\times C_{4,\mathrm{HT}}/120+30\times C_{5,\mathrm{HT}}/75$
$=30\times 5.05\mathrm{E}-02/120+30\times 1.66\mathrm{E}-01/75=6.13\mathrm{E}-02$

POCP：$C_{14,11}=30\times C_{4,\mathrm{PO}}/120+30\times C_{5,\mathrm{PO}}/75$
$=30\times 1.95\mathrm{E}+00/120+30\times 1.21\mathrm{E}+01/75=4.03\mathrm{E}+00$

表 4-18

基于施工组织进度计划的环境影响（建材＋施工机械）

序号	车站施工任务 案例车站主体计划工期	起止时间（起）		起止时间（至）	工期/工作日	影响类别					
						全球变暖 (GWP)	酸化 (AP)	水体富营养化 (EP)	非生物资源消耗 (ADP)	人体毒性 (HTP)	光化学烟雾 (POCP)
1	地面降水井施工	14/1/1	至	14/3/1	60	7.67E＋00	1.08E＋01	1.49E＋00	1.54E＋01	7.29E－02	2.85E＋00
2	（1、2、3号）竖井施工	14/3/2	至	14/5/31	91	5.96E＋02	2.39E＋02	4.56E＋01	5.22E＋02	2.15E＋00	8.24E＋01
3	横通道开挖及支护	14/6/1	至	14/9/8	100	6.84E＋01	3.26E＋01	6.53E＋00	4.48E＋01	3.06E－01	9.56E＋00
4	主体导洞开挖与支护	14/9/9	至	15/1/6	120	9.65E＋00	6.02E＋00	1.06E＋00	1.24E＋01	5.05E－02	1.95E＋00
5	边桩及钢管柱成孔	14/11/8	至	15/1/21	75	8.11E＋01	3.27E＋01	4.22E＋00	1.14E＋02	1.66E－01	1.21E＋01
6	梁柱体系施工	15/1/17	至	15/5/1	105	4.59E＋01	2.28E＋01	2.96E＋00	4.45E＋01	1.92E－01	7.24E＋00
7	初支及二次衬砌扣拱施工	15/4/7	至	15/8/19	135	8.63E＋02	6.64E＋02	3.74E＋02	1.19E＋03	4.97E＋00	2.14E＋02
8	站厅层施工	15/7/6	至	15/10/23	110	—	—	—	—	—	—
	站台层施工	15/10/24	至	16/3/1	130	1.13E＋03	4.30E＋02	5.87E＋01	9.90E＋02	3.99E＋00	1.46E＋02
9	1、3号出入口	15/11/13	至	16/5/10	180	1.86E＋04	3.62E＋02	6.38E＋01	6.90E＋02	3.06E＋00	1.29E＋02
10	1、2号风道及安全疏散口	16/4/1	至	16/7/29	120	7.73E＋02	3.96E＋02	6.95E＋01	6.04E＋02	3.33E＋00	1.54E＋02

图 4-35 和图 4-36 为基于施工组织进度的环境影响随时间的变化走势图。

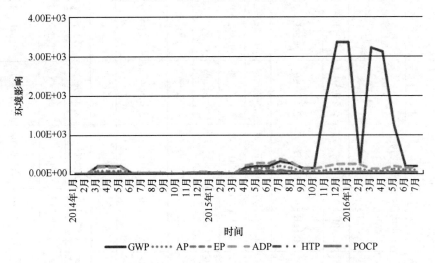

图 4-35　基于施工组织进度计划的环境影响变化走势图（建材＋机械）

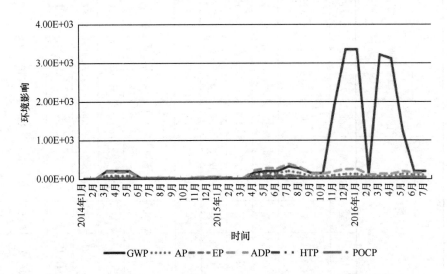

图 4-36　基于施工组织进度计划的机械部分环境影响变化走势图

由图 4-35 和图 4-36 可以看出，各类环境影响随时间轴变化的趋势大致相同，基本上都集中于 2014 年 9 月到 2016 年 5 月，这与这段时间的施工内容紧密相连，案例车站采用 PBA 法，在这期间正在施作主体导洞开挖与支护、边桩及钢管柱、梁柱体系、初支及二次衬砌等，且这些工序都是各类环境影响输出较多的时段。

4.4.2　基于最大环境影响限制的施工进度调整

本节在上节研究基础上，在假定工程施工期内存在最大环境影响约束值的基础上，通过调整施工组织进度计划方案来使工期内的环境影响峰值低于约束值。

本节取工程施工期内机械产生的 GWP 值为研究对象，通过调整工期来降低 GWP 峰值。通过图 4-36 可以发现，GWP 出现峰值的时间为 2015 年 3 月至 9 月之间，假设不考虑其他因素对工期的影响，将工期表从表 4-19 调整至表 4-20。

原定工期表　　　　　　　　　　　　　　　　表 4-19

工序	施工时间	工期（天）	GWP 标准化结果
梁柱体系施工	2015 年 1 月 17 日至 2015 年 5 月 1 日	105	5.10E＋00
初支及二次衬砌扣拱施工	2015 年 4 月 7 日至 2015 年 8 月 19 日	135	2.80E＋02
站厅层施工	2015 年 7 月 6 日至 2015 年 10 月 23 日	110	1.35E＋01
站台层施工	2015 年 10 月 24 日至 2016 年 3 月 1 日	130	

调整后工期　　　　　　　　　　　　　　　　表 4-20

任务	施工时间	工期	GWP 值	增加天数
梁柱体系施工	2015 年 1 月 17 日至 2015 年 5 月 1 日	105	5.10E＋00	
初支及二次衬砌扣拱施工	2015 年 4 月 7 日至 2015 年 10 月 23 日	200	2.80E＋02	65
站厅层施工	2015 年 9 月 10 日至 2015 年 12 月 18 日	110	1.35E＋01	
站台层施工	2015 年 12 月 19 日至 2016 年 4 月 26 日	130		
1、3 号出入口	2016 年 1 月 8 日至 2016 年 7 月 5 日	180	8.76E＋01	
1、2 号风道及安全疏散口	2016 年 5 月 27 日至 2016 年 9 月 23 日	120	1.29E＋02	

经过计算工序对应的环境影响，均摊至时间轴，可以得到工期调整后的 GWP 值，图 4-37 所示为工期调整前后 GWP 值对比。

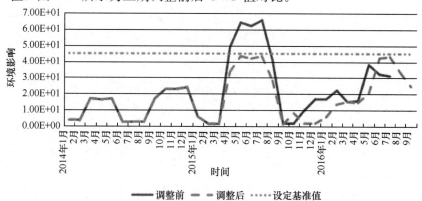

图 4-37　工期调整前后 GWP 值对比

当然，工期受多种因素的影响，同时对工期的调整也不仅是由环境影响所决定的，但本节给出的思路和方法可以为城市建设管理者在施工环境影响的量化评估和管理方面提供一定的参考。

4.5 本 章 小 结

本章基于中点模型 CML，选取全球变暖（GWP）、酸化（AP）、水体富营养化（EP）、非生物资源消耗（ADP）、人体毒性（HTP）、光化学烟雾（POCP）六个环境影响类型，采用清单法对城市轨道交通明、暗挖车站建设过程中的环境影响进行了研究，探讨了基于施工组织进度计划下的环境影响随时间的分布问题，并在最大环境影响限值的假定下，通过调整工期的方式对环境影响的分布进行了适当的调整。

第5章　基于终点模型的城市轨道交通
工程建设期环境影响评价

本章采用 LCA 技术框架内的终点评价模型——Eco-indicator 99 方法，将城市轨道交通建设过程中的多种环境影响追踪量化到对资源、生态环境和人类健康的损伤，并以标准生态指数（Standard Eco-indicator）来评估轨道交通建设过程中的环境负荷。

5.1　模　型　建　立

终点模型可以将清单分析后的结果量化成环境影响，例如，对人类健康造成的损害及对生态系统的环境破坏等，是将环境影响的评价量化至环境影响机制的最末端。

终点破坏模型是国际 LCIA 研究的新趋势，以荷兰的生态指标法（Eco-indicator 99）为代表。该方法将环境影响追踪量化到影响链的末端进行评价，有利于揭示环境问题的客观本质和最终损伤。

5.1.1　生态指标法（Eco-indicator 99）

生态指标法（Eco-indicator 99）用单一的标准生态指数（Standard Eco-indicator）来表示目标的总环境荷载，该方法对于目标在全生命周期中不同阶段内生态指标的计算过程如图 5-1 所示。首先得到产品全生命周期内各阶段能量与原

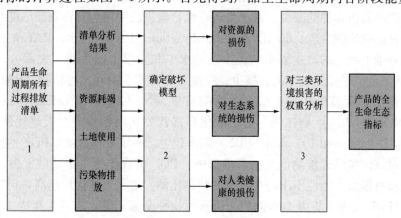

图 5-1　生态指数的计算过程

材料的需要量，以及对环境的排放量并对其进行以数据为基础的客观量化结果，即清单分析；然后依据 ISO 提出的理论框架对清单分析结果进行分类和特征化、标准化及权重以分析它们产生的环境影响。生态指数法认为环境影响共包括三类：资源的损耗、对生态系统的损害以及对人类健康的损伤。最后将三类损伤乘以相应的权重系数获得生态指数。

生态指标法优化了全生命周期评价方法，使得多种环境影响类型之间可以进行权重计算。通过特征化、标准化和权重，最终得到单一计分制来实现对总环境影响的输出。其输出的分值叫作"标准生态指数"，用于描述目标在全生命周期内产生的总环境影响。任何设计者和管理者都可以利用生态指标法分析全生命周期内目标的环境影响。

在生态指标法中将环境影响类型分为三种对环境的损伤：

（1）人类健康：此类损伤包括：由致癌物、气候变化、有机物引起的人类呼吸系统疾病，无机物引起的人类呼吸系统疾病，臭氧层的消耗、核辐射等环境因素造成的人类健康受损，如残疾或寿命的减少。人类健康受损程度由联合国世界卫生组织（World Health Organization，WHO）和世界银行提出的折合残疾生命年（Disability-adjusted Life Years，DALY）来表示，包括因疾病而造成的残疾所引起的寿命折减（Years Lived Disabled，YLD）和因疾病而造成过早死亡所引起的寿命折减（Years of Life Lost，YLL）两部分，即 DALY＝YLD＋YLL。1DALY 表示一个人损失一年的寿命或者一个人遭受一种权重为 0.25 的伤残 4 年的折磨。

（2）生态系统质量：由于生态系统极为复杂，所以在此只选用物种多样性作为生态系统质量的指标，用除人类以外的所有物种受到周围生存环境的破坏而受到生存威胁或一定时间一定区域内物种消失的比例来表示生态系统的破坏。生态系统的受损包括由生态毒性、酸化效应、水体富营养化及土地占用等环境影响而造成的产品周边物种的减少。对于生态毒性，该方法使用与有毒物质浓度有关的潜在物种影响比例（Potentially Affected Fraction，PAF）表示，PAF 是在毒性数据的基础上确定的，主要影响的生物是水中和土壤中的生物（大部分是低等的），例如鱼、甲壳类、藻类、蠕虫、线虫、有机微生物和几种植物。PAF 可看作是暴露在浓度等于或高于最大无影响浓度（No Observed Effect Concentration，NOEC）中的生物比例。对于酸化和富营养化用物种潜在灭绝比例（Potentially Disappeared Fraction，PDF）来指代生态系统受损程度，PDF 主要是用来描述对该区域维管植物产生的环境影响，PDF 可看作为一定地域上由于环境不适宜而有很大可能性不出现在此地的物种比例。潜在灭绝比例越高，损害程度越大。1PDF 代表 1 年内 $1m^2$ 面积上所有的物种全部灭绝，或者 1 年内 $10m^2$ 面积上灭绝物种比例为 10%。

对于生态系统质量生态指标法一般使用不同的种群代表整个生态系统：酸化、富营养化和土地占用维管植物，而对毒性影响一般用多种水生低等生物。

（3）资源能源：生态指标法中，只对不可再生的矿产资源和化石燃料建立了模型，人类利用这些资源是有限度的，然而仅仅考虑由于消耗资源导致地壳中资源总量的减少是不合理的。因为一是人类对地球资源总量的认知是有限的，很难获得准确的数字，所以考虑资源总量的方法可能是不准确的；二是资源总量的考虑方法是把所有资源看作成一种性质，而即使是同一种资源也有开采难易、质量高低之分。所以生态指标法用由未来开采资源的附加能源（MJ）来表示由资源开采造成的资源损耗。所谓附加能源就是指，人们开采资源能源首先是开采富集度高、开采价值高、开采消耗少的能源，但是目前世界处于高速发展，同时资源能源也在迅速地被消耗，这样就出现了一个问题，就是随着资源的开采利用，富集度下降，开采难度增大。例如在铜器时代，那时的铜矿的含量达到百分之几，但是现如今的含量仅为 0.7%。为了衡量由于资源的消耗导致的开采同样资源比以前多消耗的能源，提出了"附加能源"的概念，即未来开采等量资源需要比以前额外消耗的能源，这是生态指标法的一大特点。

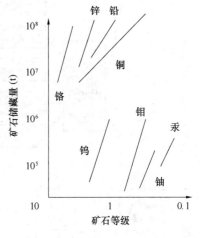

图 5-2 矿石等级与矿石储藏量的对数关系

图 5-2 显示了多种矿石资源储备量与矿石质量等级间的对数函数关系。比较陡直的线表明如果降低矿石中矿藏的富集程度的要求就可以获取更多的资源。而平缓的直线表明即使降低对矿石中矿藏的富集程度的要求，也无法获得更多的资源。后一种情况较前一种造成的资源能源损伤程度更大。因为这类矿石资源不仅较以前更难开采，需要付出更多的附加能源，而且数量还比较少，如图 5-2 所示。

虽然目前生态指标法已应用得十分广泛，但是主要还是用于小宗产品的环境影响评价，对于土木工程，尤其是地铁车站方面，由于相比一般的产品过程更复杂，涉及的阶段更多，涉及的材料更多样，这在系统边界、材料清单、数据要求、结果准确性方面要求更高，是一般产品所不能相比的。

图 5-3 是 Eco-indicator 99 的技术框架：

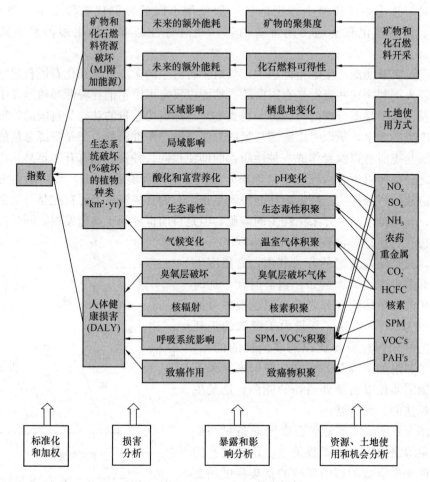

图 5-3　Eco-indicator 99 技术框架

5.1.2　评估模型

　　为了在最后结果中进行各个阶段环境影响大小的对比和不同影响类型结果的叠加，需要对各个影响类型计算结果进行权重计算，在此之前需对人类健康、生态系统质量及资源能源这三种损伤类型进行系统的量化和分析。图 5-4 表示了损伤类型的具体计算步骤。

　　根据 ISO 规定的生命周期基本框架，环境影响分析应包括三个步骤：分类和特征化、标准化、权重计算。

　　第一步：分类和特征化

　　分类是把清单分析结果划分到评价目的所涉及不同影响类别中的过程。城市轨道交通建设期环境影响评价终点破坏模型涉及三大影响类别：人类健康、生态

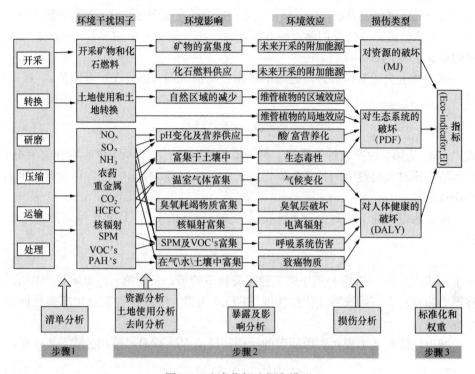

图 5-4　生态指标法损害模型

系统质量和资源能源。三类影响类别中又有子类别,例如气候变化、酸化富营养化、化石资源等,具体的分类就是将清单分析结果中输入与输出详细地划分到各子类别中进而划分到最终三大影响类型。其具体分类方法见表 5-1。

环境影响物质分类　　　　　　　　　　　　　　　　　　　表 5-1

损伤类型	影响种类	物质
人类健康	气候变化	CO_2、CH_4、N_2O
	有机物对呼吸系统的损伤	VOC、CH_4
	无机物对呼吸系统的损伤	PM10、CO、NO_x、SO_x
生态系统质量	酸化和富营养化	NO_x、SO_x
资源能源	矿石资源	石灰石、铁矿石、锰矿石
	化石燃料	标煤、石油

　　分类完成后下一步就是进行特征化,特征化的目的是将每一个环境影响类别中的不同物质转化成为统一的单位,特征化的主要意义在于选择一种衡量影响的方式,当选定评价方法与影响类型后将不同的影响因子(具体表现为各种消耗或排放

物）量化成相同形态或相同单位，例如在 CML2001 中，将温室气体（CO_2、CH_4 等）统一成二氧化碳当量，以二氧化碳来衡量全球变暖潜能。这个过程就称为特征化。在城市轨道交通建设期终点破坏模型中，特征化主要采用 Eco-indicator 99 提供的特征化因子。

城市轨道交通工程对人类健康的损伤特征值 HD（DALY）可用公式（5-1）计算：

$$HD = \sum_i HD_i = \sum_i \sum_j M_{ij} \times \lambda_{ij} \qquad (5-1)$$

式中：M_{ij} 为第 i 种影响种类中第 j 种污染物质的量；λ_{ij} 为第 i 种影响种类中第 j 种污染物质对人类健康的特征化损伤因子；HD_i 为第 i 种影响种类对人类健康的损伤特征值。

城市轨道交通工程对生态系统质量的损伤特征值 ED（PDF）可用公式（5-2）计算：

$$ED = \sum_i ED_i = \sum_i \sum_j M_{ij} \times \varepsilon_{ij} \qquad (5-2)$$

式中：M_{ij} 为第 i 种影响种类中第 j 种污染物质的量；ε_{ij} 为第 i 种影响种类中第 j 种污染物质对生态系统特征化损伤因子；ED_i 为第 i 种影响种类对生态系统的损伤特征值。

城市轨道交通工程对资源能源的损伤特征值 RD（MJ）可用公式 5-3 计算：

$$R = \sum_i RD_i = \sum_i \sum_j M_{ij} \times \eta_{ij} \qquad (5-3)$$

式中：M_{ij} 为第 i 种影响种类中第 j 种污染物质的量；η_{ij} 为第 i 种影响种类中第 j 种污染物质对资源能源特征化损伤因子；RD_i 为第 i 种影响种类对资源能源的损伤特征值。

由于我国生命周期评价起步较晚，目前我国在全生命周期评价的研究领域仍处于探索阶段，数据库尚未完善，因此本书中沿用的数据大多以欧洲数据库为参考，城市轨道交通环境影响终点破坏模型中采用的特征化因子为生态指标法手册提供的数据，人类健康、生态系统质量和资源能源特征化因子分别见表 5-2、表 5-3、表 5-4，特征化因子的含义：以人类健康中 CO_2 为例，CO_2 特征化因子为 2.10E-07DALY/kg，意思是排放 $1kgCO_2$ 就相当于使一个人减少 6.6s 的寿命。对于全人类来说，相当于减少了 1.1E-09s 的寿命。

人类健康特征化损伤因子　　　　　　　　　　表 5-2

影响种类	物质	特征化损伤因子 ε_{ij}（DALY/kg）
	CO_2	2.10E-07
气候变化	CH_4	4.40E-06
	N_2O	6.90E-05

续表

影响种类	物质	特征化损伤因子 ε_{ij}（DALY/kg）
有机物对呼吸系统的损伤	VOC	6.46E-07
	CH_4	5.46E-05
无机物对呼吸系统的损伤	PM10	1.28E-08
	CO	3.75E-04
	NO_x	7.31E-07
	SO_x	8.91E-05

生态系统质量特征化损伤因子　　　　　　表 5-3

影响种类	物质	特征化损伤因子 λ_{ij}（PDF/kg）
酸化和富营养化	NO_x	5.71E+00
	SO_x	1.04E+00

资源能源特征化损伤因子　　　　　　表 5-4

影响种类	物质	特征化损伤因子 η_{ij}（MJ/kg）
矿石资源	铁矿石	5.10E-02
	锰矿石	3.13E-01
化石燃料	标煤	2.04E+00
	原油	3.40E+00

第二步：标准化

经过特征化计算，可以将清单分析结果单位进行统一，转化为城市轨道交通工程中各个阶段三类环境影响特征值。此时各个阶段的环境影响在每一类影响类别中单位是一样的，所以可以在各个影响类别中进行生命周期各阶段环境影响大小的比较，例如，在人类健康类别中是材料生产阶段产生的影响大还是施工阶段产生的影响大。但是此时不同影响类别的单位是不一样的，不能在同一生命周期阶段中进行环境影响类别的横向比较，例如在材料生产阶段，其产生的环境影响是对人类健康影响更大还是对生态系统质量影响更大。为了能在三类环境影响类型间进行横向比较，需要按一定的基准将其无量纲化的过程称为标准化。

城市轨道交通工程对人类健康的损伤标准值 HD_N 可用公式（5-4）计算：

$$HD_N = \sum_i HD_{Ni} = \sum_i \sum_j HD_{ij} / f_{ij} \tag{5-4}$$

式中：HD_{ij} 为第 i 种影响种类中第 j 种污染物质对人类健康的损伤特征值；f_{ij} 为第 i 种影响种类中第 j 种污染物质对人类健康的标准化系数；HD_{Ni} 为第 i 种影响种类对人类健康的损伤标准值。

城市轨道交通工程对生态系统质量的损伤特征值 ED_N 可用公式（5-5）计算：

$$ED_N = \Sigma_i ED_{Ni} = \Sigma_i \Sigma_j ED_{ij} / f_{ij} \qquad (5\text{-}5)$$

式中：ED_{ij} 为第 i 种影响种类中第 j 种污染物质对生态系统的损伤特征值；f_{ij} 为第 i 种影响种类中第 j 种污染物质对生态系统的标准化系数；ED_{Ni} 为第 i 种影响种类对生态系统的损伤标准值。

城市轨道交通工程对资源能源的损伤特征值 RD_N 可用公式（5-6）计算：

$$RD_N = \Sigma_i RD_{Ni} = \Sigma_i \Sigma_j RD_{ij} / f_{ij} \qquad (5\text{-}6)$$

式中：RD_{ij} 为第 i 种影响种类中第 j 种污染物质对资源能源的损伤特征值；f_{ij} 为第 i 种影响种类中第 j 种污染物质对资源能源的标准化系数；RD_{Ni} 为第 i 种影响种类对资源能源的损伤标准值。

通常标准化系数是一定时间内世界或指定区域内气体排放总量和资源开采总量，也可以除以该区域人数，以一定时间一定区域内人均环境影响总量来进行标准化，用人均值进行标准化的好处是人均值比较小，计算起来比较方便，准确度更高，此外还便于不同地区的比较。目前国内还没有自己的生态指标法标准化系数的统计，所以此处用欧洲的标准化系数，见表5-5。

生态指标法标准化系数 表5-5

影响类型	影响种类	标准化系数单位	总的标准化系数	人均标准化系数
人类健康	致癌效应	DALY/(capita·yr)	7.60E+05	2.00E-03
	无机物对呼吸系统的损伤		4.09E+06	1.08E-02
	有机物对呼吸系统的损伤		2.60E+04	6.84E-05
	气候变化		9.08E+05	2.39E-03
	电离辐射		1.02E+04	2.68E-05
	臭氧层损耗		8.32E+04	2.19E-04
	人类健康总和		5.88E+06	1.55E-02
生态系统质量	生态毒性 PAF	PAF/yr	3.08E+12	8.11E+03
	生态毒性 PDF	PDF/(capita·yr)	3.08E+11	8.11E+02
	酸化和富营养化		1.43E+11	3.75E+02
	土地占用		1.50E+12	3.95E+03
	生态系统质量总和		1.95E+12	5.13E+03
资源能源	矿物资源	MJ/(capita·yr)	5.69E+10	1.50E+02
	化石资源		2.20E+12	5.79E+03
	资源能源总和		2.26E+12	5.94E+03

第三步：权重计算

这也是 LCA 计算方法中最重要也是最具争议的一步。因为目前国内外对权重的计算方法有很多，而且都是基于人的主观认识，由于不同的个人、组织和人群具有不同的倾向性，他们对于同样的参数结果可能得到不同的加权结果，对结果有直接的影响。目前最常用的几种权重计算方法，对于生态指标法，选择专家打分的权重计算方法，在问卷设计与结果分析时，进行了仔细的考虑。首先，设计了一份调查问卷，其中包括了一系列的测试，来检查被调查者是否真正地理解了这些问题。然后将这份问卷发放到 365 名受调查者手中，这些专家都是生命周期评价方面的专业人员。最后回收问卷并对结果进行分析。在问卷的设计中，首先介绍了该方法的目的、框架和破坏类型，并给出了欧洲目前的环境影响水平。第二，问卷要求受调查者按照重要程度递减的顺序排列三种影响类型。第三，就是分配权重，受调查者要根据目前的环境水平给出三种影响类型的准确权重系数。此外还设计了一些题目来测定受调查者分析问题的角度是否与大众或基本文化角度相一致，这是生态指标法在用专家打分进行权重分析时的创新。虽然大家都知道权重是主观性的，但是生态指标法真正地将人的主观因素进行了分析，将受调查者分为了平均主义者、等级主义者和个人主义者。问卷调查结果如图 5-5 所示，其中每个"×"代表一个调查者投票的权重系数，中间的"×"代表 10 个受调查者认为三种影响类型权重一样大。

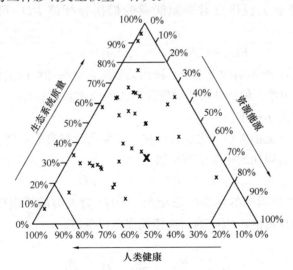

图 5-5　权重问卷调查结果分析图

对结果进行统计分析，并按照受调查者的主观因素进行划分，所得的权重系数见表 5-6。

生态指标法权重系数 表 5-6

	均值	个人主义	平均主义	等级主义
生态系统质量	40%	25%	50%	40%
人类健康	40%	55%	30%	30%
资源能源	20%	20%	20%	30%

城市轨道交通工程建设对人类健康的损伤权重值 HD_w 可用公式（5-7）计算：

$$HD_w = \Sigma_i HD_{wi} = \Sigma_i \Sigma_j HD_{Nij} \times p_{ij} \qquad (5-7)$$

式中：HD_{Nij} 为第 i 种影响种类中第 j 种污染物质对人类健康的损伤标准值；p_{ij} 为第 i 种影响种类中第 j 种污染物质对人类健康的权重系数；HD_{wi} 为第 i 种影响种类对人类健康的损伤权重值。

城市轨道交通工程建设对生态系统的损伤特征值 ED_w 可用公式（5-8）计算：

$$ED_w = \Sigma_i ED_{wi} = \Sigma_i \Sigma_j ED_{Nij} \times q_{ij} \qquad (5-8)$$

式中：ED_{Nij} 为第 i 种影响种类中第 j 种污染物质对生态系统的损伤标准值；q_{ij} 为第 i 种影响种类中第 j 种污染物质对生态系统的权重系数；ED_{wi} 为第 i 种影响种类对生态系统的损伤权重值。

城市轨道交通工程建设对资源能源的损伤特征值 RD_w 可用公式（5-9）计算：

$$RD_w = \Sigma_i RD_{wi} = \Sigma_i \Sigma_j RD_{Nij} \times c_{ij} \qquad (5-9)$$

式中：RD_{Nij} 为第 i 种影响种类中第 j 种污染物质对资源能源的损伤标准值；c_{ij} 为第 i 种影响种类中第 j 种污染物质对资源能源的权重系数；RD_{wi} 为第 i 种影响种类对资源能源的损伤权重值。

经过对以上三类损害的量化、特征化、标准化及权重后，就根据公式（5-10）得到产品在全生命周期的标准生态指数。

$$EI = HD_w + ED_w + RD_w \qquad (5-10)$$

式中：EI 为全生命周期的标准生态指数；HD_w 为人类健康损伤权重值；ED_w 为生态系统损伤权重值；RD_w 为资源能耗损伤权重值。

5.2 实 例 分 析

5.2.1 工程概况

案例车站为地下车站和两段区间。车站施工范围包括车站主体部分、附属部分（包括出入口、通道、风道和风井）、车站结构（含围护结构）。区间施工范围：盾构井及暗挖段。

车站为地下双层双柱三跨岛式车站。站台宽度为 12m，车站长 299.9m，标准段宽 21.1m。车站有效站台中心里程处顶板覆土厚度为 3.75m，轨顶埋深为 16.23m，底板埋深约 17.86m。车站主体采用明挖降水施工，围护结构采用钻孔灌注桩＋钢支撑体系。车站共设置 6 个出入口，路北预留两个，路中及路南各设置两个，满足客流通行。主体建筑面积为 13450m²，附属建筑面积为 2700m²，总建筑面积为 16150m²。

案例车站和区间工程概况具体见表 5-7：

工程概况　　　　　　　　　　　　　　　　表 5-7

名称	概　　况		
案例车站	地下两层直墙三联拱岛式车站，全长 225.8m，总宽 21.1m，拱顶覆土厚度约为 8.9m，地板埋深约 25m。采用暗挖 PBA 工法，逆筑施工。附属结构采用暗挖与明挖结合法施工，站端接暗挖法区间。本站附属结构共设 2 个出入口、2 个风道、1 个安全疏散通道		
暗挖段区间 1	一座盾构井，采用明挖法施工，长 14.2m，盾构井-案例车站段区间采用矿山法施工，长 72.696m		
暗挖段区间 2	一座盾构井兼施工竖井，采用明挖法施工，长 14.2m，区间 1 采用矿山法施工，长 38.404m。区间 2 的暗挖段及盾构吊出井		
施工方法概述	案例车站	主体结构 PBA 暗挖逆筑法	
		附属结构明、暗挖结合法	
	暗挖段区间 1	暗挖段矿山法；右线盾构井明挖法	
	暗挖段区间 2	暗挖段矿山法；盾构井明挖法	

5.2.2　工程量清单

实际工程资料各部分工程量清单见表 5-8、表 5-9：

车站及其附属结构工程量清单　　　　　　　　表 5-8

项目	钢材（kg）	混凝土（m³）	注浆（孔）
车站主体	7663427.047	39468	1360
风道、竖井及出入口	3065544.81	19938.44	828
安全疏散口	110127.06	576.94	161
人防工程	583249.44	3758.05	103
风亭	56572	178.98	0
合计	11478920.36	63920.41	2452

盾构井及区间工程量清单　　　　　　　　　　　　表 5-9

项目	钢材（kg）	混凝土（m³）	注浆（孔）
西六区间	381404	1647.29	766
西六盾构井	1655130	1458	142
六五区间	218442.5	866	366
六五盾构井	669370.1	3555	142
合计	2924347	7526.29	1416

5.2.3　车站主体及其附属物 *EI* 值

根据上述清单，可计算出车站及其附属物的相应环境影响值，详见表 5-10：

车站主体及其附属物环境影响值　　　　　　　　　　表 5-10

项目	健康损伤（DALY）	生态系统损害（PDF）	资源能耗（MJ）
车站主体	1.34E+02	3.38E+06	2.59E+07
风道、竖井及出入口	6.12E+01	1.40E+06	1.16E+07
安全疏散口	2.33E+00	5.16E+04	4.68E+05
人防工程	1.14E+01	2.65E+05	2.15E+06
风亭	7.73E-01	2.35E+04	1.58E+05
合计	2.10E+02	5.12E+06	4.03E+07

经过标准化、加权后，可计算得到车站各部分的 *EI* 值（即 Eco-indicator），详见表 5-11：

车站各部分环境影响分布　　　　　　　　　　　　表 5-11

项目	健康损伤（DALY）	生态系统损害（PDF）	资源能耗（MJ）	*EI*
车站主体	1.34E+02	3.38E+06	2.59E+07	7.21E+03
风道、竖井及出入口	6.12E+01	1.40E+06	1.16E+07	3.28E+03
安全疏散口	2.33E+00	5.16E+04	4.68E+05	1.26E+02
人防工程	1.14E+01	2.65E+05	2.15E+06	6.13E+02
风亭	7.73E-01	2.35E+04	1.58E+05	4.23E+01
合计	2.10E+02	5.12E+06	4.03E+07	1.13E+04

EI 值的比较如图 5-6、图 5-7、图 5-8、图 5-9 所示。

据图 5-6、图 5-7 的结果分析，车站主体的 *EI* 值约占 2/3（64%），而风道、竖井及出入口约占 1/3（29%），其余部分的 *EI* 值很小，以百分比衡量，车站主

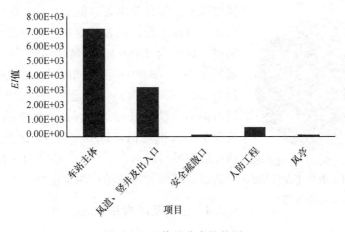

图 5-6　*EI* 值的分布柱状图

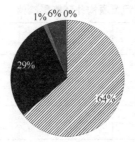

▨车站主体64%　■风道、竖井及出入口29%　■安全疏散口1%　■人防工程6%　■风亭0%

图 5-7　*EI* 值的分布饼状图

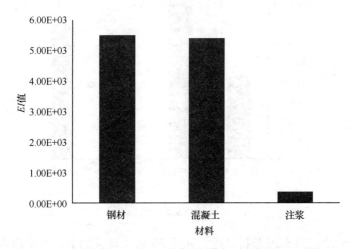

图 5-8　钢材、混凝土及注浆的 *EI* 值分布柱状图

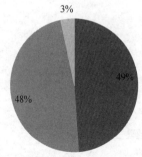

图 5-9　钢材、混凝土及注浆的
EI 值分布饼状图

体与风道、竖井及出入口的 EI 值比为 2.2∶1；根据建筑材料清单，二者的混凝土用量比为 2.5∶1、钢材用量比为 2.0∶1、注浆用量比为 1.6∶1，而根据图 5-8、图 5-9，钢材或混凝土造成的环境影响约为 1/2（49%，48%），而注浆所造成的环境影响只占很小一部分（3%）；因此，最终的 EI 值比应约等于二者平均值，即 2.25∶1，之所以出现 EI 值比略小的情况（2.2∶1），是因为单位用量钢材所造成的环境影响比单位用量混凝土大。

5.2.4　区间及盾构井 EI 值

区间及盾构井的 EI 值计算结果见表 5-12 和图 5-10。

区间及盾构井环境影响值　　　　　　　　表 5-12

项目	健康损伤 （DALY）	生态系统损害 （PDF）	资源能耗 （MJ）	EI
西六区间	8.08E+00	1.79E+05	1.67E+06	4.38E+02
西六盾构井	1.68E+01	6.52E+05	3.80E+06	9.39E+02
六五区间	4.30E+00	6.52E+05	3.80E+06	3.76E+02
六五盾构井	1.19E+01	6.52E+05	3.80E+06	7.21E+02
合计	4.11E+01	2.14E+06	1.31E+07	2.47E+03

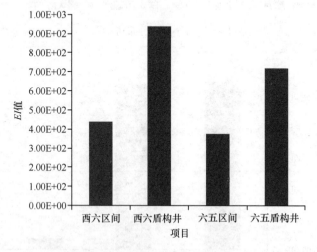

图 5-10　区间及盾构井 EI 值

根据表 5-13 与图 5-10 分析，盾构井的 EI 值均比区间大，其中西六区间∶西六盾构井=1∶2.1、六五区间∶六五盾构井=1∶1.9；与车站主体及附属结构类似，工程量的多少依然对 *EI* 值起决定性作用。所不同的是，建筑材料中钢材的影响比例有所降低，*EI* 值比例（西六区间：西六盾构井＝1：2.1，六五区间：六五盾构井＝1：1.9，下同）等于三种建材共同作用的结果（钢材 1：4.3，1：3.1；混凝土 1：0.9，1：4.1；注浆 5.4：1，2.6：1），因此在区间及盾构井中，注浆的影响作用大大增加。

5.2.5　西六区间 *EI* 值

鉴于区间及盾构井施工方式、能耗比例等均较为相似，且根据上述的计算结果，西六区间所造成的环境影响最大，故本节选取西六区间进行分施工步骤、分不同建筑材料造成环境影响加以详细分析。主要考察三个施工步骤，即超前支护、喷锚支护、二次衬砌。建筑材料为造成环境影响程度最大的混凝土、钢材及注浆。

（1）施工步骤分析

将计算结果加权、标准化后，得到 *EI* 值，见表 5-13、表 5-14。

不同施工步骤 *EI* 值分布　　　　　　　　　表 5-13

损害	超前支护	喷锚支护	二次衬砌	总计	单位
健康损伤	2.34E＋00	3.24E＋00	2.78E＋00	8.36E＋00	DALY
生态系统损害	2.77E＋04	8.97E＋04	7.46E＋04	1.92E＋05	PDF
资源能耗	5.69E＋05	7.64E＋05	6.46E＋05	1.98E＋06	MJ

_EI_ 值计算结果　　　　　　　　　　　　　表 5-14

损害	总计	单位	权重	标准值	*EI*
健康损伤	8.36E＋00	DALY	0.4	113	3.78E＋02
生态系统损害	1.92E＋05	PDF	0.4	1.75E-04	1.34E＋01
资源能耗	1.98E＋06	MJ	0.2	1.79E-04	7.09E＋01

根据不同施工步骤中的工程量清单，得到表 5-15。

_EI_ 值在不同施工步骤的分布　　　　　　　　表 5-15

损害	超前支护	喷锚支护	二次衬砌
健康损伤	1.06E＋02	1.46E＋02	1.26E＋02
生态系统损害	1.94E＋00	6.28E＋00	5.22E＋00
资源能耗	2.04E＋01	2.74E＋01	2.31E＋01
合计	1.28E＋02	1.80E＋02	1.54E＋02

统计如图 5-11、图 5-12 所示：

（2）钢材、混凝土及注浆环境影响分析（表 5-16、图 5-13、图 5-14）

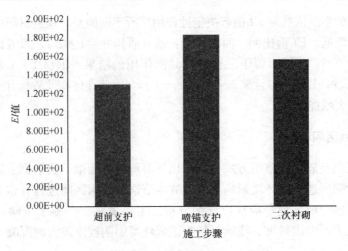

图 5-11　不同施工步骤 *EI* 值分布柱状图

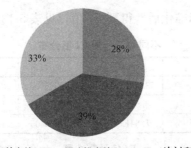

■超前支护28%　■喷锚支护39%　□二次衬砌33%

图 5-12　不同施工步骤 *EI* 值分布饼状图

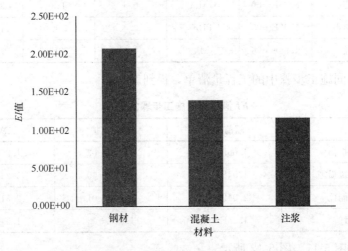

图 5-13　钢材、混凝土及注浆 *EI* 值分布柱状图

钢材、混凝土及注浆 *EI* 值的分布　　　　　表 5-16

损害	钢材	混凝土	注浆	单位
健康损伤	3.49E+00	2.73E+00	2.14E+00	DALY
生态系统损伤	1.59E+05	1.73E+04	1.60E+04	PDF
资源能耗	1.08E+06	3.95E+05	5.02E+05	MJ
综合	2.08E+02	1.39E+02	1.16E+02	Eco-indicator

根据前文图表可知三个主要施工步骤造成的环境影响区别不大，其中喷锚支护所占比例最大（39%），其次为二次衬砌（33%）、超前支护（25%）。从建筑材料造成环境影响的比例来说，与车站主体类似，同样也是钢材造成环境影响最大（45%），混凝土次之（30%），最次注浆（25%）。但与车站主体相比，注浆造成环境影响的比例已大大增加（3%→25%），因此虽然在超前支护中混凝土及钢材

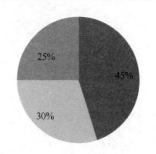

图 5-14　钢材、混凝土及注浆的 *EI* 值分布饼状图

用量极少（混凝土为 0、钢材仅占 4.9%），但因其注浆量最大（占所有注浆量的 96.7%），故超前注浆造成的环境影响亦有一定的比例。喷锚支护的 *EI* 值最大，因为其中钢材用量最大（52.1%）、混凝土用量最大（52.4%），相对的在二次衬砌中钢材用量第二（43.0%）、混凝土用量第二（47.6%），故其 *EI* 值仅次于喷锚支护。

5.3　本 章 小 结

通过本章的研究，可以得出如下结论：

（1）环境影响程度的大小与工程量直接相关。

（2）中点评价模型与终点评价模型均可用于环境影响评价，二者本质上相似，但中点评价模型并未考虑所有影响因素，故而得到结论会有所偏差（如车站主体中钢材的 *EI* 值占 49%，*GWP* 值却占 80%）。因此，中点评价模型更适合作为定性分析的工具（车站主体造成的 *GWP* 值、*EI* 值均为 66%，约为 2/3）。

（3）在隧道建设中（尤其是暗挖隧道），环境影响的主要因素为钢材、混凝土以及注浆，其中钢材的环境影响程度最大（如在车站主体中，钢材的 *EI* 值占

49％；西六区间中，钢材的 EI 值占 45％）。

（4）从减少环境污染的角度考虑，鉴于钢材的 GWP 值（车站主体中钢材占 80％）以及 EI 数值（车站主体中钢材占 49％）均为三种材料中最大的，因而可以从钢材用量上考虑来改善轨道交通施工期间的环境影响。

（5）从暗挖车站施工步骤角度考虑，喷锚支护所造成的环境影响最大（西六区间中 GWP 值占 40％，EI 值占 39％），减少环境影响的最好方法是，在前期规划工作时选取地质情况较好的地层，从而减少建设期的材料用量。

第6章 基于建设规划的城市轨道交通工程建设期环境影响评价

城市轨道交通建设规划阶段的可行性研报告中的投资额属于估算值，没有具体的工程量清单。而目前国内外普遍采用的温室气体排放因子核算法必须有工程量清单才能够对工程温室气体排放进行计算。因此，城市轨道交通建设规划阶段的温室气体排放预测还是空白。而基于国家节能减排的工作方案，对温室气体排放的评估越早，减排的潜力和可能性就越大。这一情况严重阻碍了轨道交通建设行业的低碳发展。本章基于建设规划阶段的可行性研究报告，建立了轨道交通工程温室气体排放的神经网络预测模型。与第3章相同，本章中的碳、碳排放指以二氧化碳为代表的温室气体排放。

6.1 建设期碳排放计算模型

当研究对象为城市轨道线路时，根据实际工程中的合同标段构建一站一区间的分项工程，根据分项工程中的工程建设顺序、结构主体类型建立单元工序，并以单元工序为基本单元，建立碳排放清单。每个单元工序的活动水平数据分别从原材、机械、物料等工程量清单获取，项目单元工序分解如图6-1所示。

在城市轨道交通施工碳排放核算时，界定如下研究范围：

（1）计算线路主体的碳排放，不考虑上盖开发、车辆段基地等联合建设的线路附属结构，计算时以运营线路为准。

（2）整条线路的建设项目以"一站一区间"为分项工程，即一个分项工程包括车站施工和该车站至下一站的全部区间施工与衔接，不包括该工程与上一标段区间的衔接工作量。

（3）当工程量清单统计不完全时，根据既有研究，对碳排放较大的部分采取一定方法进行活动水平数据估算，对碳排放较小的部分可以视其活动水平数据为零。

（4）考虑到碳交易市场的推行，碳排放因子的选择优先级顺序为碳交易市场颁布＞中国核心生命周期数据库CLCD。

城市轨道交通施工阶段碳排放的计算自下而上，通过各单元工序，逐一计算得到分项工程碳排放，汇总得到整个工程碳排放。

各单元工序碳排放 C_i 计算公式见式（6-1）：

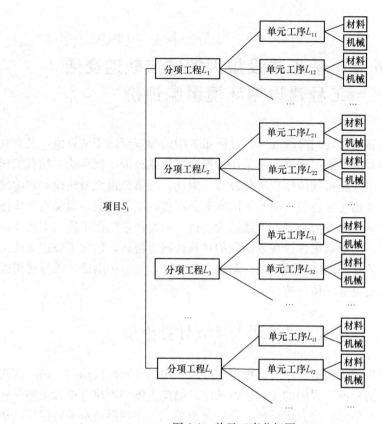

图 6-1 单元工序分解图

$$C_i = p_{vk} \cdot C_{vk} + q_{mj} \cdot C_{mj} \tag{6-1}$$

式中：p_{vk} 为单元工序 v 消耗的第 k 种材料的用量，可以通过工程量清单获得；C_{vk} 为单元工序 v 消耗的第 k 种材料的碳排放因子；q_{mj} 为单元工序 m 第 j 种机械的台班，可以通过机械清单获得；C_{mj} 为单元工序 m 第 j 种机械的碳排放因子，机械的碳排放因子需根据设备能耗通过公式（6-2）确定。

$$C_{mj} = r_{mj} \cdot E_s \tag{6-2}$$

式中：r_{mj} 表示单元工序 m 第 j 种机械单位台班的能耗（电、柴油、汽油），E_s 为该种能源的碳排放因子。

对于有 x_i 个单元工序的分项工程 i，其碳排放 C_0 计算公式见式（6-3）：

$$C_0 = \sum_1^{x_i} (p_{vk} \cdot C_{vk} + q_{mj} \cdot r_{mj} \cdot E_s) \tag{6-3}$$

对于有 y 个分项工程项目 S_1，其碳排放 C 计算公式见式（6-4）：

$$C = \sum_1^y \sum_1^{x_i} (p_{vk} \cdot C_{vk} + q_{mj} \cdot r_{mj} \cdot E_s) \tag{6-4}$$

该计算模型应用在本章碳排放基础数据库的计算中，称为 $LCIA_0$ 模型。

6.2　城市轨道交通规划期碳排放预测模型建立

6.2.1　城市轨道交通可研报告分析

按照《国家发改委关于加强城市轨道交通规划建设管理的通知》（发改基础〔2015〕49号）（以下简称《通知》），项目可行性研究重点研究项目建设必要性、客流预测、行车组织、运营管理、限界及轨道、线站位方案、车站建筑、区间结构、机电设备系统和控制中心、车辆段及停车场、车辆及机电国产化、环保与技能、文物保护及影响分析、防灾与人防工程、工程筹划、资金筹措和经济评价等内容[106]。

城市轨道交通项目报建过程复杂、周期长，在决策阶段，线网规划、建设规划、可研报告涉及的成果文件繁多，可行性研究结论是投资决策的重要依据，见表 6-1。

决策阶段成果文件表　　　　　　　　　　　　表 6-1

决策阶段	成果类别	具体成果文件
线网规划	主报告	轨道交通线网规划
	必备专题	客流预测报告
	非必备专题	沿线用地控制报告
建设规划	主报告	轨道交通建设规划
	必备专题	客流预测报告
		环境影响评价报告书
		社会稳定性风险分析和评估报告
		沿线土地利用规划
	非必备专题	投融资专题报告
		文物专题报告
可行性研究	主报告	工程可行性研究报告
	必备专题	选址意见书
		土地预审报告
		客流预测报告
		岩土勘察报告
		环境影响评价报告书
		社会稳定性风险分析和评估报告
		节能评估报告
		安全预评价报告

决策阶段	成果类别	具体成果文件
可行性研究	非必备专题	场地地震安全评价报告
		地质灾害危险性评价报告
		文物保护专题报告
		水土保持专题报告

可研阶段的环境影响评价和投资估算类似之处在于：投资估算缺乏建设期的施工图概算，缺少工程量清单，因而无法通过具体工序、人工、材料或机械的清单量概算工程投资，环境评价也缺乏建设过程的工程量清单，故无法采用目前广泛使用的活动水平数据乘以碳排放因子的计算方法。现有的城市轨道交通的工程投资估算通过车站面积和区间长度获得，见表6-2。

工程费用估算清单表　　　　　　　　　　表6-2

工程费用名称	单位	数量	工程费
1　车站	正线公里	29.2	404999
1.1　地下车站	平方米	386608	404999
2　区间	正线公里	29.2	246840
2.1　地下区间	正线公里	29.2	219830
2.1.1　盾构法施工	单延长米	42808	198690
①　软土盾构	双延长米	15350	138150
②　硬土盾构	双延长米	6054	60540
2.1.2　明挖法施工	双延长米	1057	21140
2.2　特殊线段区间	双延长米	2806	27010
2.2.1　出入段区间	双延长米	2806	27010
①　盾构段	双延长米	2106	21060
②　暗埋段	双延长米	350	4550
③　敞开段	双延长米	350	1400
15 车辆段与综合基地	正线公里	29.2	37036

城市轨道交通工程投资估算方法体现了一种间接估算方法，即当无法用详细工程量清单直接计算工程投资费用时，采用影响工程量清单的指标间接估算工程投资费用。基于该方法，城市轨道交通碳排放无法通过详细的活动水平数据计算时，可以采用影响活动水平数据的指标间接预测碳排放。

6.2.2　碳排放预测指标选取

以本文研究的城市案例中1条地铁线的可行性研究报告为例，根据可研报告所有章节内容，筛查其中可能影响施工阶段活动水平数据的输入因素，见表 6-3。

活动水平数据间接影响因素初筛表　　　　　　　　　　　　表 6-3

章节	因素	影响机制
客流	预测客流	客流越大，车站规模越大，土建工程材料越多
车辆	车辆选型	车辆越大，区间限界越大，开挖量越大
线路	线路长度	线路越长，施工区间长度越长
建筑	站址选择	站址在城市中的位置越复杂，工程量越大，且部分车站以既有地下车库改建，工程量小
	车站规模	车站规模越大，车站开挖越大，建筑用材越多
	站台型式	岛式站台与侧式站台工程量不同
	车站层数	车站层数越高，土建工程量越大
	联络通道	联络通道越宽、越长，土建工程量越大
	出入口	出入口越多、越长，土建工程量越大
	风亭	风亭越多，土建工程量越大
	设备管理用房	设备管理用房越大，土建工程量越大
	换乘方式	换乘方式不同，则土建工程量不同
结构	抗震设计烈度	抗震设计烈度越大，对结构的安全性能要求越高，从而工程量越大
	结构设计等级	同上
	施工方法	施工方法不同，则土建工程量不同
	车站结构	车站结构不同，则土建工程量不同
	开挖深度	开挖深度越大，工程量越大
	设计荷载	设计荷载越大，结构要求越严，工程量越大

从投资估算表 6-2 可以看出，城市轨道交通的土建工程投资估算主要分车站与区间两部分，预测条目清晰简单，车站从车站敷设形式的面积统计估算，区间则从不同施工方法长度段进行估算，车辆段与综合基地则按照线路总长进行估算，因此，本章在可研报告中选择碳排放输入因素须遵循以下三个原则：

（1）各因素指向明确，具有较强的针对性；

（2）各因素之间互相独立，无明显的交叉性；

（3）各因素在建设过程中无较大改动，具有不变性。

综合分析后，影响碳排放的间接因素分别从车站与区间两个部分考虑，而车站附属结构作为车站的并列项目，不设具体指标，如图 6-2 所示。

模型中，车站碳排放的输入层因素包括车站面积、顶板埋深、结构类型、车

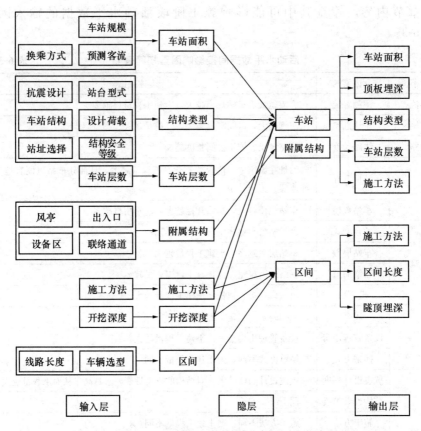

图 6-2　活动水平数据间接影响因素的网络归类图

站层数和施工方法，区间碳排放的输入层因素包括施工方法、区间长度和隧顶埋深。

6.2.3　BP 神经网络适用性分析

　　根据相关文献资料和实际工程，一般工程项目的具体流程包括项目建议书、可研、立项、设计、施工等过程，如图 6-3 所示。

　　项目建设流程的传递与神经元的传递方式一致，而每个阶段可以看作一个神经元突触，立项输入的神经元逐级传递，最终以一定形式表现出来。而神经网络最初的 MP 形式神经元的数学模型是：输入数据 x_0 经过处理函数 I 传入下一单元，传入数据为 I 的预处理单元 $y_0 = I(x_0)$ 与权值 w。在下一单元 a 中输入控制阈值 θ 后，经过激活函数得到下一个输出 $x_1 = a(w, x_0, \theta)$，x_1 再经变换函数得到神经网络最终输出结果 $y_1 = f(x_1)$，如图 6-4、图 6-5 所示。

　　当有多个输入、输出时，神经网络的模型如图 6-6 所示。

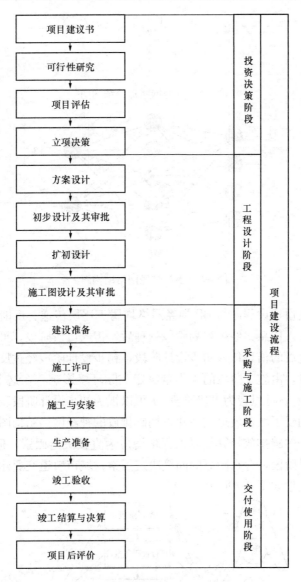

图 6-3　一般项目建设流程图

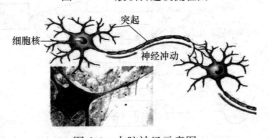

图 6-4　大脑神经示意图

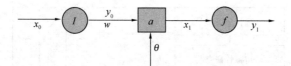

图 6-5　神经网络理论结构图

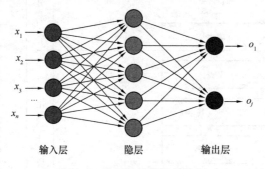

图 6-6　多层神经网络结构图

　　城市轨道交通建设程序与 BP 神经网络均属于逐层传递、反馈修正模式：由立项产生原始输入信息，经过规划阶段处理后，传入可研阶段，可研阶段经过咨询评估，将修正后的信息传入初步设计阶段，初步设计阶段经过反复修改后，最终传入施工阶段，由施工阶段的工程量决定实际环境影响。在这个过程中，I 可以视为规划阶段，a 可以视为可研阶段，f 可以视为初步设计阶段。通过各个阶段的逐层传递，构建了城市轨道交通建设期碳排放的神经网络结构图。因此，虽然基于生命周期法的碳排放核算是以工程量清单为直接决定因素，但在可研阶段、规划阶段等更早阶段，存在隐藏的间接决定因素，城市轨道交通建设期碳排放输出的神经网络模型如图 6-7 所示。

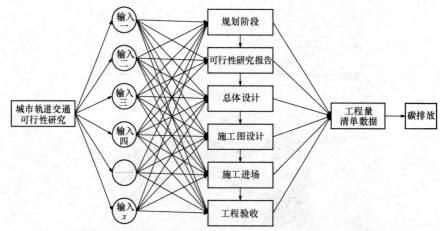

图 6-7　城市轨道交通建设期碳排放输出神经网络理论模型

　　城市轨道交通建设程序的网络与 BP 神经网络一致，学习过程由信号的正向传播与误差的反向传播 2 个过程组成，城市轨道交通建设的神经网络误差反向传播体现在各阶段的工作对之前阶段的补充与修正。正向传播时，各阶段的输入参数逐级传递至下一阶段，经各阶段（隐层）逐层处理后，传向输出层，最终体现在建设期碳排放量。若输出层的实际输出（碳排放）与期望的输出不符，则转入误差的反向传播阶段，也就是对之前各阶段参数的实际调整。BP 神经网络的误差反传是将输出误差以某种形式通过隐层向输入层逐层反传，并将误差分摊给各层的所有单元，从而获得各层单元的误差信号，此误差信号即作为修正各单元权值的依据。这种信号正向传播与误差反向传播的各层权值调整过程，是周而复始地进行的。权值不断调整的过程，也就是网络的学习训练过程。

　　BP 神经网络的学习规则是使用最速下降法，通过反向传播来不断调整网络的权值和阈值，此过程一直进行到网络输出的误差减少到可接受的程度，或进行到预先设定的学习次数为止，使网络的误差平方和最小。采用 BP 算法的多层前馈网络是迄今最广泛的神经网络，一般习惯将单隐层前馈网络称为三层前馈网络，即输入层、隐层、输出层，数学模型如下所示[107]：

　　三层前馈网络中，输入向量 X 的表达式见式（6-1）：

$$X = (x_1, x_2, \cdots, x_i, \cdots, x_n)^{\mathrm{T}} \tag{6-5}$$

隐层输出向量 Y 的表达式见式（6-2）：

$$Y = (y_1, y_2, \cdots, y_j, \cdots, y_m)^{\mathrm{T}} \tag{6-6}$$

输出层输出向量为 O 的表达式见式（6-3）：

$$O = (O_1, O_2, \cdots, O_k, \cdots, O_l)^{\mathrm{T}} \tag{6-7}$$

期望输出向量 d 的表达式见式（6-4）：

$$d = (d_1, d_2, \cdots, d_k, \cdots, d_l)^{\mathrm{T}} \tag{6-8}$$

输入层到隐层之间的权值矩阵 V 的表达式见式（6-5）：

$$V = (V_1, V_2, \cdots, V_j, \cdots, V_m)^{\mathrm{T}} \tag{6-9}$$

　　其中，列向量 V_j 为隐层第 j 个神经元对应的权向量；隐层到输出层之间的权值矩阵 W 的表达式见式（6-6）：

$$W = (W_1, W_2, \cdots, W_k, \cdots, W_l)^{\mathrm{T}} \tag{6-10}$$

其中，W_k 为输出层第 k 个神经元对应的权向量。

　　对于输出层，有

$$O_k = f(net_k) \quad k = 1, 2, \cdots, l \tag{6-11}$$

$$net_k = \sum_{j=0}^{m} w_{jk} y_j \quad k = 1, 2, \cdots, l \tag{6-12}$$

　　对于隐层，有

$$y_j = f(net_j) \quad j = 1, 2, \cdots, m \tag{6-13}$$

$$net_j = \sum_{i=0}^{n} v_{ij} x_i \quad j = 1, 2, \cdots, m \tag{6-14}$$

转移函数 $f(x)$ 通常为单极限 Sigmoid 函数：

$$f(x) = \frac{1}{1 + e^{-x}} \tag{6-15}$$

$f(x)$ 具有连续可导的特点，通常也可采用双极限 Sigmoid 函数：

$$f(x) = \frac{1 - e^{-x}}{1 + e^{-x}} \tag{6-16}$$

6.2.4　城市轨道交通碳排放预测模型

城市轨道交通建设过程碳排放的神经网络中，隐含层包含了从可研报告到竣工验收多个过程，输入层、转化函数、输出层的表达见表 6-4。

城市轨道交通建设神经网络各层参数定义　　　　　　　　表 6-4

	输入层	转化函数	输出层
车站	车站面积 x_1		
	顶板埋深 x_2		
	结构类型 x_3	$f(x)$	C_1
	车站层数 x_4		
	施工方法 x_5		
区间	施工方法 y_1		
	区间长度 y_2	$g(y)$	C_2
	隧顶埋深 y_3		

即对于车站面积、顶板埋深等 5 个因素的输入，经过转化函数得到输出层车站建设过程的碳排放 C_1 如公式（6-17）所示。

$$C_1 = f(x_1, x_2, x_3, x_4, x_5) \tag{6-17}$$

对于区间施工方法、区间长度和隧顶埋深 3 个因素的输入，经过转化函数得到输出层区间建设过程的碳排放 C_2 如公式（6-18）所示。

$$C_2 = g(y_1, y_2, y_3) \tag{6-18}$$

得到城市轨道交通建设一站一区间的碳排放 C_i 如公式（6-19）所示。

$$C_i = C_1 + C_2 = f(x_1, x_2, x_3, x_4, x_5) + g(y_1, y_2, y_3) \tag{6-19}$$

建设线路的总碳排放 C 如公式（6-20）所示。

$$C = \sum C_i \tag{6-20}$$

该模型定义为城市轨道交通建设期碳排放预测模型 CEC（Carbon Emission of Construction），该模型是本章研究的基础，根据该模型中的具体指标得到城市轨道交通建设期碳排放的神经网络结构模型，如图 6-8 所示。

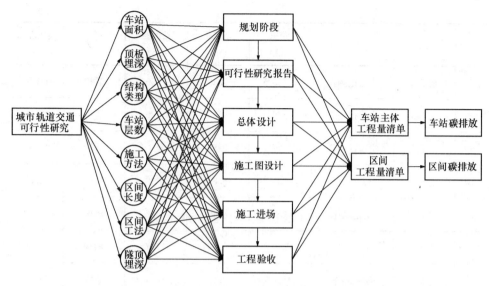

图 6-8　城市轨道交通建设期碳排放神经网络模型

6.3　某城市地铁 1 号线建设期土建工程碳排放分析

6.3.1　项目概况

本节选择的案例城市是我国新建城市轨道交通城市，根据 1 号线的可行性研究报告，其一站一区间的单元工程建设概况见表 6-5。

地铁 1 号线一站一区间建设概况表　　　　表 6-5

序号	结构层数	工法	面积（m²）	埋深（m）	站间距（m）	工法	隧顶埋深（m）
1	地下 2	明挖顺作	40563.8	8.17	1450	盾构	15.60
2	地下 2	半盖挖顺作	11455.2	8.29	1582	盾构	15.20
3	地下 2	明挖顺作	11455.2	2.34	886	盾构	12.60
4	地下 2	半盖挖顺作	16694.4	6.09	1204	盾构	14.50
5	地下 2	半盖挖顺作	11455.2	5.18	870	盾构	15.10
6	地下 2	半盖挖顺作	27810.7	9.65	1318	盾构	15.60

续表

序号	结构层数	工法	面积（m²）	埋深（m）	站间距（m）	工法	隧顶埋深（m）
7	地下 2	半盖挖顺作	11455.2	7.29	1050	盾构	18.70
8	地下 2	半盖挖顺作	20879.1	9.55	1230	盾构	22.70
9	地下 2	半盖挖顺作	22777.2	9.59	801	盾构	16.30
10	地下 2	半盖挖顺作	34391.1	8.89	1439	盾构	14.80
11	地下 3	明挖顺作	9519.4	8.49	1896	盾构	14.80
12	地下 3	明挖顺作	8527.8	5.86	1117	盾构	15.80
13	地下 2	明挖顺作	34880.6	7.29	1454	盾构	14.50
14	地下 2	明挖顺作	12787.2	4.69	1090	盾构	14.30
15	地下 2	明挖顺作	17501.0	7.64	1012	盾构	15.60
16	地下 2	明挖顺作	11455.2	7.57	1022	盾构	15.60
17	地下 2	明挖顺作	11455.2	7.59	1192	盾构	16.30
18	地下 2	明挖顺作	11455.2	9.69	1267	盾构	13.90
19	地下 2	明挖顺作	11455.2	4.13	1148	盾构	12.60
20	地下 2	明挖顺作	48240.6	5.96	—	—	—

　　1 号线的车站均为地下站，多以 2 层结构为主，工法上全部采用半盖挖顺作法与明挖顺作法，区间均采用盾构施工。因此，各站的结构设计均采用统一标准布置，只在尺寸上有所调整。以二层结构的车站为例，地下二层岛式标准车站站厅层平面图如图 6-9 所示。

　　地下二层岛式标准车站站台层平面图如图 6-10 所示。

　　地下二层岛式标准车站标准纵剖面图如图 6-11 所示。

　　地下二层岛式标准车站标准横剖面图如图 6-12 所示。

　　以其中两个标段为计算案例，对于附属结构的工程量清单分析，分别对标段 1 的换乘道和出入口、标段 2 的上部结构和风道进行详细说明。

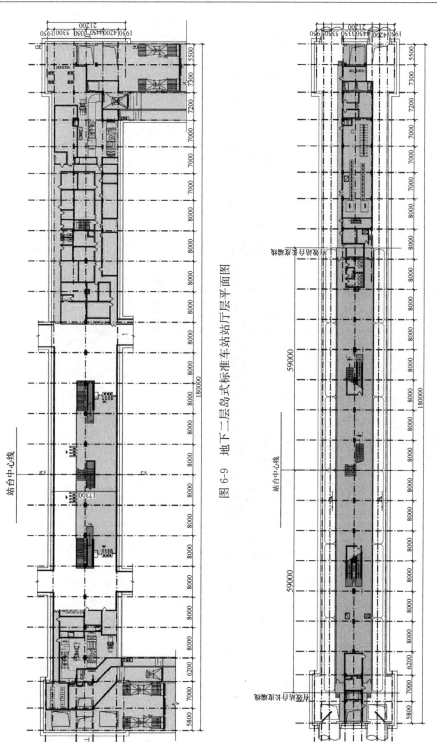

图 6-9　地下二层岛式标准车站站厅层平面图

图 6-10　地下二层岛式标准车站站台层平面图

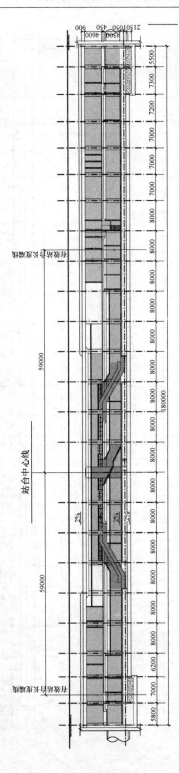

图 6-11　地下二层岛式标准车站标准纵剖面图

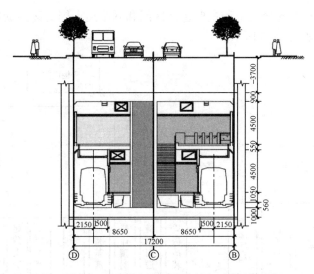

图 6-12　地下二层岛式标准车站标准横剖面图

6.3.2　目标与范围的确定

以车站工程为例，根据工程量清单，对车站主体范围进行了界定，在实际工程施工中，人防工程和安全口的施工通常与车站主体密不可分，因此将两个分项工程纳入车站主体的范畴，即车站主体范围如图 6-13 所示。

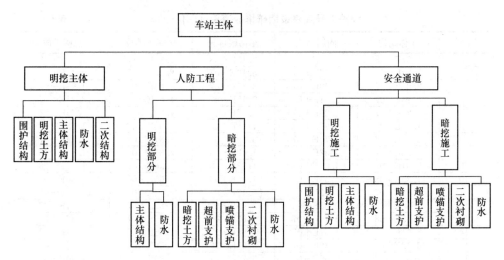

图 6-13　车站主体研究范围

车站附属结构包括换乘通道、风道、出入口以及上部结构，因此车站附属结构的研究范围如图 6-14 所示。

盾构区间施工的分项工程主要包括区间和联络道，因此区间碳排放研究范围内的分项工程如图 6-15 所示。

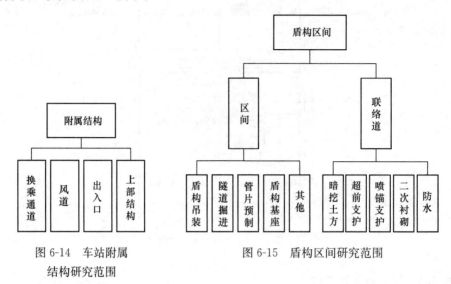

图 6-14　车站附属
结构研究范围

图 6-15　盾构区间研究范围

6.3.3　1 号线土建工程碳排放计算结果

根据各"一站一区间"的工程量清单进行碳排放计算，汇总得到该城市地铁 1 号线碳排放清单，见表 6-6。

地铁 1 号线建设期碳排放清单（单位：kg）　　表 6-6

序号	主体结构	附属结构	车站碳排放	区间碳排放	总碳排放
1	1.57E+08	5.80E+07	2.15E+08	2.24E+07	2.37E+08
2	4.33E+07	1.77E+07	6.10E+07	2.36E+07	8.45E+07
3	2.85E+07	1.00E+07	3.85E+07	1.08E+07	4.93E+07
4	5.18E+07	2.01E+07	7.19E+07	1.62E+07	8.81E+07
5	3.25E+07	1.20E+07	4.46E+07	1.29E+07	5.74E+07
6	1.18E+08	3.95E+07	1.58E+08	2.06E+07	1.78E+08
7	3.80E+07	1.79E+07	5.59E+07	1.84E+07	7.44E+07
8	8.53E+07	3.32E+07	1.18E+08	2.31E+07	1.42E+08
9	9.01E+07	4.05E+07	1.31E+08	1.36E+07	1.44E+08
10	1.39E+08	4.65E+07	1.86E+08	2.05E+07	2.06E+08
11	3.68E+07	1.43E+07	5.12E+07	2.74E+07	7.85E+07
12	2.58E+07	9.08E+06	3.49E+07	1.82E+07	5.31E+07
13	1.15E+08	5.18E+07	1.67E+08	1.99E+07	1.87E+08
14	3.51E+07	1.37E+07	4.88E+07	1.45E+07	6.33E+07
15	6.72E+07	2.36E+07	9.08E+07	1.56E+07	1.06E+08
16	4.05E+07	1.66E+07	5.71E+07	1.59E+07	7.30E+07
17	4.37E+07	1.46E+07	5.83E+07	2.04E+07	7.87E+07
18	4.82E+07	1.87E+07	6.69E+07	1.66E+07	8.36E+07
19	3.04E+07	1.24E+07	4.28E+07	1.39E+07	5.67E+07
20	1.45E+08	5.91E+07	2.04E+08	—	2.04E+08
全线总计	1.37E+09	5.29E+08	1.90E+09	3.45E+08	2.24E+09

计算得到 1 号线建设过程中，车站结构土建工程总碳排放 1.90E+09kg，单位面积的排放量为 4.92E+03kg/m²，区间施工总碳排放 3.44E+08kg，单位长度的排放量为 1.50E+04kg/m。1 号线土建工程总碳排放 2.25E+09kg，单位长度的碳排放量为 8.64E+04kg/m。

1. 主体结构与附属结构碳排放结构分析

车站结构的碳排放与车站规模密切相关，车站规模越大，工程量清单越大。附属结构作为车站的一部分，规模的变化虽然与车站规模联系密切，但也可能出现不同规模的车站结构，附属结构规模一样的情况。通过 20 个车站主体结构、附属结构碳排放与车站面积的关系（图 6-16），可见随着车站面积的增加，车站总体碳排放明显变高，而附属结构的碳排放呈现缓慢增加的趋势。因此对于新线的碳排放预测，不单独预测附属结构的碳排放。

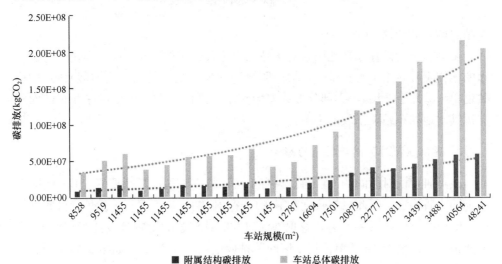

图 6-16　车站总体碳排放与附属结构碳排放与规模关系图

2. 车站顶板埋深对碳排放的影响

本节研究的案例城市中，地铁 1 号线共计 20 个车站，由于车站规模的差异，以单位面积碳排放（kgCO₂/m²）为比较指标，分析埋深对碳排放的影响如图 6-17所示。

车站顶板埋深对土建工程的碳排放具有显著的影响，通过案例的工程量清单计算，发现埋深每增加 1m，单位面积碳排放增加 125.9kg。当车站面积为13450m²时，车站总碳排放增加 1693t。（第 3 章中北京案例车站埋深增加 1m，

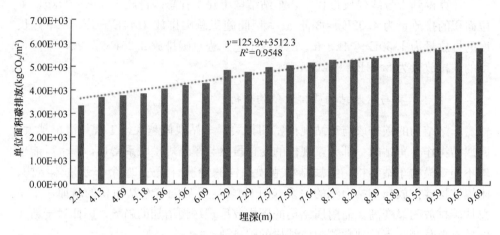

图 6-17　顶板埋深对单位面积碳排放的影响

车站总碳排放增加 743.05t)

　　虽然施工阶段存在其他因素对车站工程量及碳排放产生影响，但由于案例城市的地铁 1 号线施工工法单一，均为明挖法（半盖挖法与明挖法类似），结构层数也单一（地下 2 层），大部分参数差异较小，因此只选择顶板埋深和车站面积分析其对地铁车站碳排放的影响。

　　3. 隧顶埋深对区间碳排放的影响

　　在可研阶段对区间的设计通常只有工法、长度、埋深三个要素，1 号线区间施工均为盾构法，因此只有长度和隧顶埋深的影响。从埋深与单位长度区间碳排放（$kgCO_2/m$）的关系来看，隧顶埋深对区间碳排放的影响呈线性正相关关系，即隧顶埋深每增加 1m，单位长度区间碳排放增加 316.71kg，如图 6-18 所示。

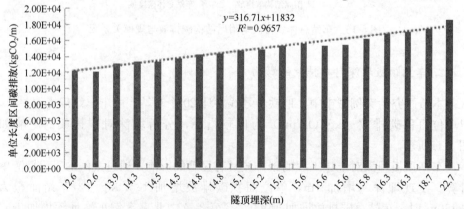

图 6-18　隧顶埋深对单位长度区间碳排放的影响关系图

6.4　案例城市地铁规划线路碳排放预测

6.4.1　规划线路概况

案例城市已建成运营地铁 1 号线，规划建设 2 号线、4 号线、5 号线、6 号线。

案例城市的轨道交通规划研究始于 1995 年，2002 年完成了线网规划，2007 年 9 月获政府批复。2008 年国家批准的《某市城市快速轨道交通建设规划（2009~2016 年）》，根据第一轮线网规划的总体构思，2016 年轨道交通建设项目为：1 号线全线工程，长 28.8km；2 号线工程，长 26.5km。2013 年该市开展了第二轮建设规划研究工作，2015 年 12 月 31 日国家发改委正式批复《某市城市轨道交通第二期建设规划（2015~2021 年）》。根据第二期建设规划，2014~2021 年该市建设 6 号线、5 号线一期和 4 号线一期，总长度 89.3km，到 2021 年形成 5 条运营线路、总长 147.5km 的轨道交通网络。

2 号线线路全长约 26.265km，全部为地下线，共设 22 座车站，地下车站主体结构采用二层、三层多跨现浇钢筋混凝土长条形箱形框架结构，内部结构横断面为板式箱形框架，纵向设连续梁式框架。初期 2019 年预测客流 30.2 万人次、近期 2026 年预测客流 57.3 万人次、远期 2041 年预测客流 75.3 万人次。采用 B2 型车，初、近、远期均采用 6 辆编组，初期配属车辆 26 列/156 辆。

4 号线一期工程线路全长 26.97km，全线均采用地下线敷设，设站 22 座（其中换乘站 7 座）；设停车场、车辆段各一座；控制中心与轨道 1、2、3 号线共享；预测客流 2024 年 41.75 万人次，2031 年 69.65 万人次，2046 年 85.47 万人次。车站主体一般采用现浇钢筋混凝土箱形框架结构，结构断面主要为双层双跨、双层三跨、三层三跨等形式，纵向柱距为 9m。车辆编组采用 B 型车 6 辆编组。

5 号线一期工程线路全长 27.3km，共设 21 座车站，其中换乘站 5 座，采用 6 辆编组 B 型车，计划 2017 年动工、2021 年底试运营。2024 年预测客流 21.36 万人次、2031 年 41.87 万人次、2046 年 59.56 万人次。

6 号线线路全长约 41.362km，其中高架线长 6.765km，过渡段长 0.660km，地下线长 33.937km。共设 20 座车站，其中高架站 1 座，地下站 19 座。最大站间距为 6.624km，根据可研客流预测，6 号线建成初期（2022 年）、近期（2029 年）、远期（2044 年）承担的日客运量分别约为 23.11 万人次、35.46 万人次、54.77 万人次；地下车站主体结构采用二层多跨现浇钢筋混凝土长条形箱形框架结构，内部结构横断面为板式箱形框架，纵向设连续梁式框架，主体结构的侧墙主要为复合墙。唯一一座高架车站采用建桥合一型的结构体系，即把桥墩（柱）作为房屋框架结构的一部分，框架纵、横梁对桥墩（柱）起到约束作用。

6.4.2　神经网络训练过程

从规划的 2 号线、4 号线、5 号线 6 号线与已运营的 1 号线工程看，规划车站总计 85 个，结构类型基本一致，因此不考虑结构类型对建设期碳排放的影响。

规划线路车站中，10 个车站为地下 3 层结构，2 个车站为半地下半地上的 2 层结构，1 个车站为高架结构，其余 72 个车站与 1 号线车站一样均为地下 2 层，整体上无明显差异，因此在预测时，不考虑结构层数对建设期碳排放的影响。

在施工方法的选择上，明挖顺作法和半盖挖顺作法在工程量清单上无明显差异，因此，不考虑施工工法对建设期碳排放的影响。

在隧道施工工法中，1 号线全为盾构施工，缺少其他工法的比较，但规划线路共 81 段区间，其中仅 2 段矿山法、1 段明挖法，其余均为盾构法，因此不考虑隧道施工工法对区间施工碳排放的影响。

根据地铁 1 号线碳排放数据，实际应用的神经网络模型如图 6-19 所示。

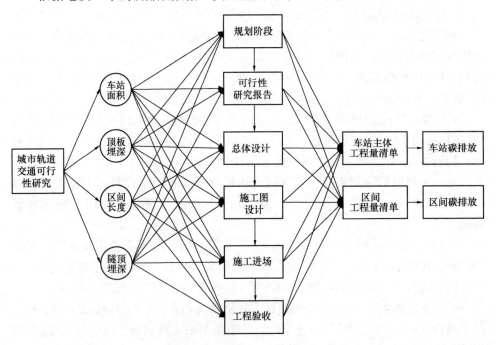

图 6-19　地铁碳排放预测网络

因此在碳排放预测的神经网络中，以车站面积、顶板埋深为输入参数，碳排放量为输出参数，根据 1 号线的工程量及信息，利用 Matlab 2016 版软件的神经网络工具箱建立神经网络，导入数据 1 号线的车站面积和车站埋深及碳排放数据，如图 6-20 所示。

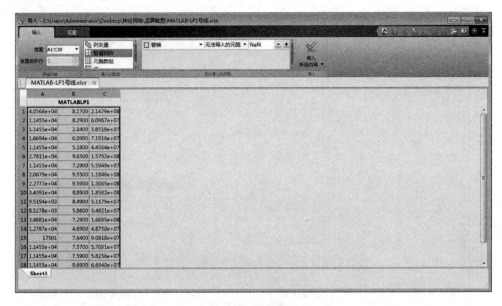

图 6-20　数据导入

将 1 号线碳排放数据作为数值矩阵导入，同时定义数集 num＝MATLABLP1，其中输入参数 input＝num（1：20，1：2），输出碳排放 output＝num（1：20，3），并导入神经网络工具箱，如图 6-21 所示。

通过 New 创建新的神经网络 network1，经反复调整后确定隐含层数为 4，网络结构创建界面相关参数选择如图 6-22 所示。

该网络的算法选择为反向传播 BP 算法，BP 算法描述了如何利用错误信息，从最后一层（输出层）开始到第一个隐层，逐步调整权值参数，达到学习的目的。训练函数 Traing Function 选择比例共轭梯度算法（TRAINSCG），将模值信赖域算法与共轭梯度算法结合起来，减少用于调整方向时搜索网络的时间。学习函数（Adaption Learning Function）和性能函数（Performance Function）一般分别选择默认的带动量项的 BP 学习规则 Learngdm 和方差 MSE。通过预览 View 按钮，可看到该神经网络结构，如图 6-23 所示。

该网络有 2 个输入层、4 个隐层、1 个输出层。双击神经网络，调整训练相关参数，如图 6-24 所示。

显示补数 show 调为 25，训练次数 epochs 为 1000 次，最小梯度 min _ grad 为 1E-05，最大失败次数 max-fail 为 6，如果训练下降梯度不达最小梯度或者训练过程失败 6 次即停止训练，收敛误差为 0，训练结果如图 6-25 所示。

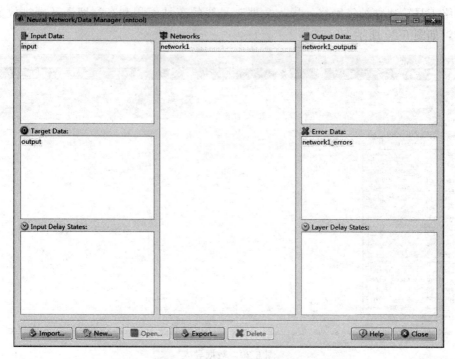

图 6-21　网络输入层和输出层载入

图 6-22　网络参数选取

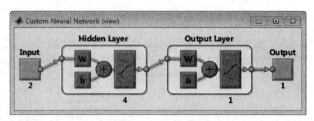

图 6-23　网络结构图

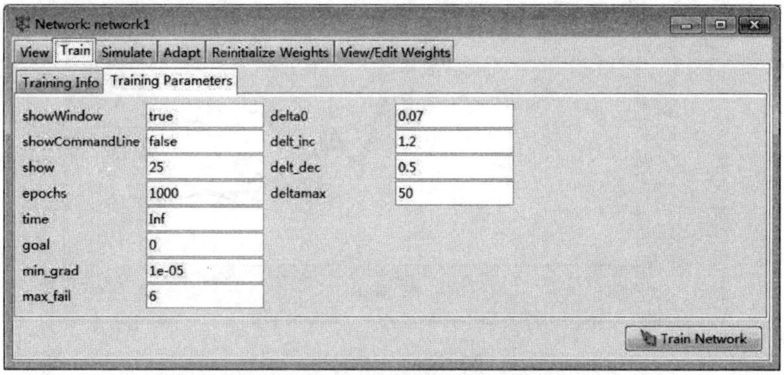

图 6-24　训练参数调整

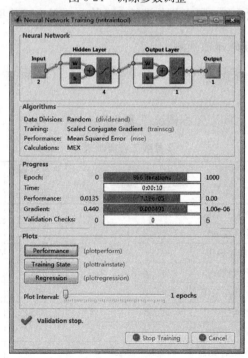

图 6-25　训练结果图

性能函数图 Performance 的均方差收敛如图 6-26 所示。

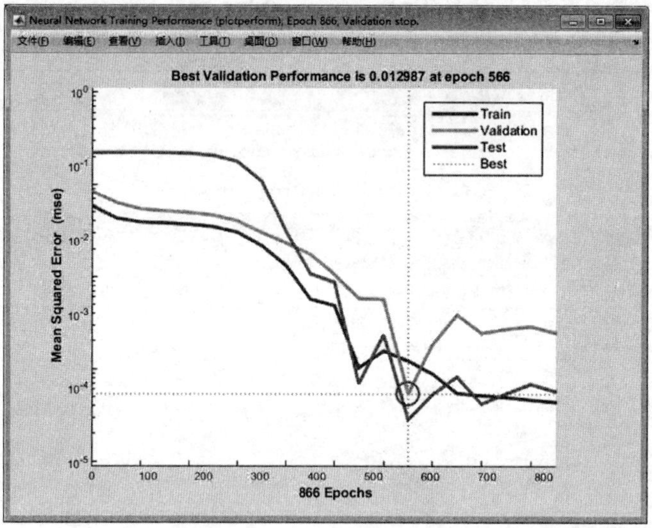

图 6-26　MSE 图

性能函数 MSE 图中，网络总共训练 866 次，在第 566 次时训练结果最理想。

6.4.3　2 号线建设期碳排放预测

2 号线一期工程共设 22 座车站，按一站一区间计算的区间总长度为 20.15km。

2 号线"一站一区间"工程概况见表 6-7。

2 号线工程概况表　　　　　　　　表 6-7

序号	结构层数	工法	面积 （m²）	埋深 （m）	站间距 （m）	工法	隧顶埋深 （m）
1	地下 2	明挖顺作	27298.4	3.5	1122	盾构	15.6
2	地下 2	半盖挖顺作	10299.1	3.5	1172	盾构	15.2
3	地下 3	明挖顺作	10065.5	3.3	1121	盾构	12.6
4	地下 2	半盖挖顺作	22628.1	2.5	1515	盾构	14.5
5	地下 2	半盖挖顺作	9860.2	3.5	720	盾构	15.1
6	地下 2	半盖挖顺作	9575.9	3.5	2350	盾构	15.6
7	地下 2	半盖挖顺作	21103.0	3.5	619	盾构	18.7
8	地下 3	半盖挖顺作	10403.0	3	1094	盾构	22.7
9	地下 2	半盖挖顺作	11864.0	3.5	737	盾构	16.3
10	地下 2	半盖挖顺作	9711.0	2.5	1587	盾构	14.8

续表

序号	结构层数	工法	面积 （m²）	埋深 （m）	站间距 （m）	工法	隧顶埋深 （m）
11	地下 3	明挖顺作	28726.0	2.5	431	盾构	14.8
12	地下 3	明挖顺作	11624.0	3.5	570	盾构	15.8
13	地下 3	明挖顺作	10658.0	3.3	1192	盾构	14.5
14	地下 3	明挖顺作	27732.5	3.3	500	盾构	14.9
15	地下 2	明挖顺作	9732.5	3.3	649	盾构	14.3
16	地下 2	明挖顺作	10523.7	3.5	602	盾构	15.6
17	地下 2	明挖顺作	14887.4	3.5	1070	盾构	15.6
18	地下 2	明挖顺作	9842.0	3.5	903	盾构	16.3
19	地下 3	明挖顺作	25570.5	3.5	520	盾构	13.9
20	地下 2	明挖顺作	9668.0	3.5	570	矿山	12.6
21	地下 2	明挖顺作	13114.3	3.5	1109	明挖	13.3
22	地下 2	明挖顺作	14713.0	3.5	—	—	—

通过该网络，预测 2 号线，在神经网络中输入 2 号线数据 forecast2，如图 6-27 所示。

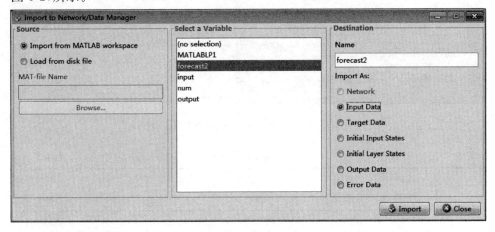

图 6-27　2 号线输入层数据载入

然后在 Simulate 功能中输入数据并进行网络计算，如图 6-28 所示。

最后回到神经网络工具箱面板，点开数据，即可得到 2 号线预测结果，如图 6-29所示。

同理，以隧道长度和顶板埋深为输入参数，对区间、4 号线、5 号线、6 号线的区间碳排放逐个进行碳排放预测，并记录数据。

2 号线预测结果见表 6-8。

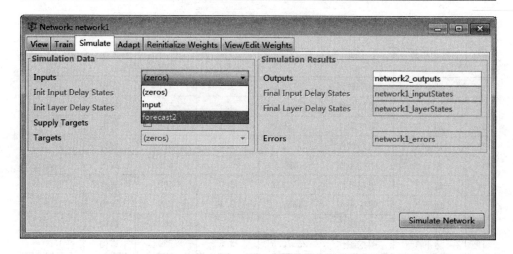

图 6-28　网络计算过程

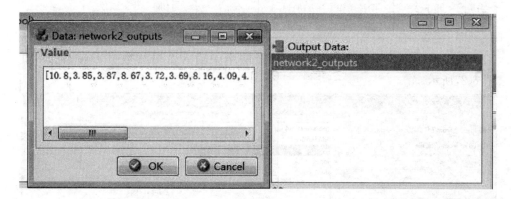

图 6-29　2 号线碳排放预测结果

2 号线碳排放预测结果　表 6-8

序号	面积 （m²）	埋深 （m）	碳排放 （kg）	站间距 （m）	隧顶埋深 （m）	碳排放 （kg）
1	27298.4	3.5	1.08E+08	1122	15.6	1.73E+07
2	10299.1	3.5	3.85E+07	1172	15.2	1.69E+07
3	10065.5	3.3	3.87E+07	1121	12.6	1.63E+07
4	22628.1	2.5	8.67E+07	1515	14.5	2.27E+07
5	9860.2	3.5	3.72E+07	720	15.1	1.13E+07
6	9575.9	3.5	3.69E+07	2350	15.6	3.88E+07
7	21103	3.5	8.16E+07	619	18.7	1.05E+07
8	10403	3	4.09E+07	1094	22.7	2.03E+07

续表

序号	面积 （m²）	埋深 （m）	碳排放 （kg）	站间距 （m）	隧顶埋深 （m）	碳排放 （kg）
9	11864	3.5	4.54E+07	737	16.3	1.24E+07
10	9711	2.5	3.83E+07	1587	14.8	2.37E+07
11	28726	2.5	1.14E+08	431	14.8	6.46E+06
12	11624	3.5	4.47E+07	570	15.8	9.26E+06
13	10658	3.3	3.90E+07	1192	14.5	1.77E+07
14	27732.5	3.3	1.10E+08	500	14.9	7.53E+06
15	9732.5	3.3	3.72E+07	649	14.3	9.68E+06
16	10523.7	3.5	3.93E+07	602	15.6	8.96E+06
17	14887.4	3.5	5.65E+07	1070	15.6	1.72E+07
18	9842	3.5	3.80E+07	903	16.3	1.44E+07
19	25570.5	3.5	9.72E+07	520	13.9	7.73E+06
20	9668	3.5	3.91E+07	570	12.6	8.37E+06
21	13114.3	3.5	5.13E+07	1109	13.3	1.64E+07
22	14713	3.5	5.83E+07	—	—	—
合计	329600.1	—	1.28E+09	—	—	3.14E+08

2 号线车站结构土建工程总碳排放 1.28E+09kg，单位面积的排放量为 3.87E+03kg/m²，区间施工总碳排放 3.14E+08kg，单位长度的排放量为 1.56E+04kg/m。2 号线土建工程总碳排放 1.59E+09kg，单位长度的碳排放量为 7.89E+04kg/m，根据 2 号线可研报告的投资估算，单位土建费用的碳排放量为 2.66E+03kg/万元。

6.4.4　4 号线建设期碳排放预测

4 号线一期工程线路全长 26.97km，设站 22 座，按一站一区间计算的区间总长度为 26.4km。

神经网络预测的 4 号线建设期碳排放见表 6-9。

4 号线碳排放预测结果 表 6-9

序号	面积 (m²)	埋深 (m)	碳排放 (kg)	站间距 (m)	隧顶埋深 (m)	碳排放 (kg)
1	6871	3.1	2.75E+07	2110	10	3.09E+07
2	25677	3.1	1.08E+08	1330	10	1.97E+07
3	14640	3	6.00E+07	1310	10	1.95E+07
4	11140	3	4.61E+07	900	10	1.33E+07
5	11033	3	4.60E+07	840	10	1.25E+07
6	14680	3	5.98E+07	895	9	1.31E+07
7	9374	3	3.72E+07	1020	10	1.51E+07
8	11201	3	4.46E+07	880	9	1.29E+07
9	12775	3.1	5.14E+07	875	9	1.28E+07
10	20842	3.1	8.54E+07	1530	10	2.25E+07
11	11360	3	4.65E+07	1360	10	2.01E+07
12	11212	3	4.54E+07	800	10	1.18E+07
13	14260	3	5.80E+07	1010	10	1.51E+07
14	13368	3.1	5.55E+07	1200	10	1.76E+07
15	11440	3	4.61E+07	1000	10	1.50E+07
16	15330	3	6.39E+07	2070	7.5	2.90E+07
17	11240	3	4.70E+07	2230	10	3.36E+07
18	19904	3	8.39E+07	1185	9	1.73E+07
19	28587	3	1.15E+08	935	9	1.36E+07
20	18914	3	7.75E+07	1610	16	2.69E+07
21	12238	3	4.85E+07	1340	10	2.00E+07
22	40241	3	1.68E+08	—	—	—
合计	346327	—	1.42E+09	—	—	3.92E+08

4 号线车站结构土建工程总碳排放 1.42E+09kg，单位面积的排放量为 4.10E+03kg/m²，区间施工总碳排放 3.92E+08kg，单位长度的排放量为 1.49E+04kg/m。4 号线土建工程总碳排放 1.81E+09kg，单位长度的碳排放量为 6.86E+04kg/m，根据 4 号线可研报告的投资估算，单位土建费用的碳排放

量为 2.83E＋03kg/万元。

6.4.5　5 号线建设期碳排放预测

轨道交通 5 号线 1 期工程线路全长约 27.3km，共设 21 座车站，按一站一区间计算的区间总长度为 26.8km。

5 号线隧顶埋深在可研阶段未标明具体数值，根据车站剖面图估算 5 号线隧顶埋深，如图 6-30 所示。

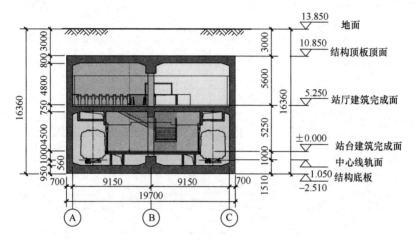

图 6-30　5 号线车站标准剖面图

隧顶埋深 h_2 根据车站顶板埋深 h_1 的估算公式为：

$$h_2 = h_1 + 5.6 + 0.75 \tag{6-21}$$

通过网络预测，5 号线碳排放见表 6-10。

5 号线碳排放预测结果　　　　　　　　表 6-10

序号	面积 （m²）	埋深 （m）	碳排放 （kg）	站间距 （m）	隧顶埋深（估） （m）	碳排放 （kg）
1	28560	3	1.09E＋08	1999	9.35	2.90E＋07
2	11500	3	4.44E＋07	1296	9.35	1.82E＋07
3	10240	3	3.98E＋07	1360	9.35	1.90E＋07
4	14208	3	5.39E＋07	1001	9.35	1.40E＋07
5	13030	2.8	4.99E＋07	1176	9.15	1.62E＋07
6	10208	2.8	3.88E＋07	1185	9.15	1.65E＋07
7	27200	3	1.04E＋08	1124	9.35	1.59E＋07
8	10460	2.8	4.04E＋07	788	9.15	1.10E＋07

续表

序号	面积 (m^2)	埋深 (m)	碳排放 (kg)	站间距 (m)	隧顶埋深（估） (m)	碳排放 (kg)
9	10340	2.8	3.93E+07	1246	9.15	1.76E+07
10	13330	2.8	5.15E+07	1105	9.15	1.58E+07
11	14530	3	5.59E+07	875	9.35	1.25E+07
12	10940	2.8	4.12E+07	1302	9.15	1.87E+07
13	23610	2.8	9.13E+07	1054	9.15	1.48E+07
14	11040	2.8	4.21E+07	1299	9.15	1.80E+07
15	10230	2.8	3.91E+07	1340	9.15	1.96E+07
16	13030	2.8	4.93E+07	920	9.15	1.35E+07
17	11040	2.8	4.21E+07	2653	9.15	3.85E+07
18	28816	3	1.12E+08	1166	9.35	1.65E+07
19	10360	2.8	3.91E+07	974	9.15	1.43E+07
20	11240	2.8	4.32E+07	2911	9.15	4.19E+07
21	39500	3	1.51E+08	—	—	—
合计	333412	—	1.28E+09	—	—	3.82E+08

5号线车站结构土建工程总碳排放 1.28E+09kg，单位面积的排放量为 3.83E+03kg/m^2，区间施工总碳排放 3.82E+08kg，单位长度的排放量为 1.43E+04kg/m。5号线土建工程总碳排放 1.66E+09kg，单位长度的碳排放量为 6.20E+04kg/m，根据5号线可研报告的投资估算，单位土建费用的碳排放量为 2.44E+03kg/万元。

6.4.6　6号线建设期碳排放预测

轨道交通6号线工程线路全长约 41.362km，共设20座车站，按一站一区间计算的区间总长度为 40.7km。

6号线隧顶埋深 h_2 也由车站顶板埋深 h_1 估算，根据6号线地下站标准剖面图 6-31，估算公式为：

$$h_2 = h_1 + 0.8 + 4.65 + 0.4 \qquad (6-22)$$

6号线中高架站车站单位面积碳排放取其他站的 66.31%，区间单位长度碳排放取其他站的 10%，对于机场站半地下的结构，假设地上结构、地下结构的面积各占一半，地下结构的埋深按0考虑。得到6号线预测碳排放见表 6-11。

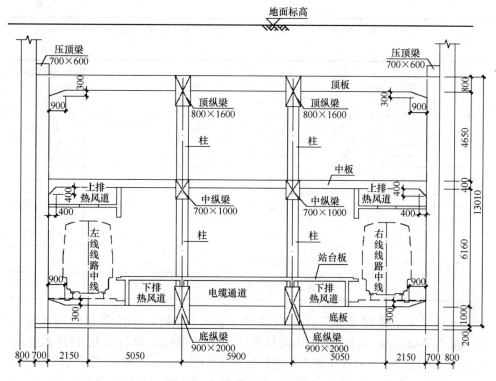

图 6-31　6 号线车站标准剖面图

6 号线碳排放预测结果　　　　　　　　　　　　　　　　　表 6-11

序号	面积 （m²）	埋深 （m）	碳排放 （kg）	站间距 （m）	隧顶埋深（估） （m）	碳排放 （kg）
1	19149.5	3.1	7.62E+07	1002	9	1.55E+07
2	11907	3	4.69E+07	2583	8.9	3.90E+07
3	23994	2.9	9.47E+07	3051	8.8	4.68E+07
4	14280.5	3.5	5.68E+07	1205	9.4	1.88E+07
5	23806	3	9.41E+07	6624	—	9.69E+06
6	6421.3	—	9.20E+06	2094	—	5.04E+06
7	12519	3.1	4.98E+07	1625	9	2.40E+07
8	20432	3.6	8.16E+07	1317	9.5	2.07E+07
9	22741	3.1	9.03E+07	1555	9	2.36E+07
10	10336	2.8	4.06E+07	1474	8.7	2.18E+07
11	13843	3.4	5.50E+07	1491	9.3	2.26E+07
12	11340	3.6	4.54E+07	2639	9.5	3.87E+07

续表

序号	面积 （m²）	埋深 （m）	碳排放 （kg）	站间距 （m）	隧顶埋深（估） （m）	碳排放 （kg）
13	21057	3.1	8.34E+07	1523	9	2.39E+07
14	12263	3.2	4.87E+07	1117	9.1	1.68E+07
15	11582	3	4.59E+07	1471	8.9	2.24E+07
16	29943	3.5	1.19E+08	1788	9.4	2.66E+07
17	11312	3.5	4.50E+07	1300	9.4	2.02E+07
18	11633	3.5	4.64E+07	2364	9.4	3.70E+07
19	13980	3.5	5.58E+07	4436	9.4	6.83E+07
20	20656	—	4.09E+07	—	—	—
合计	323195.3	—	1.23E+09	—	—	5.89E+08

6 号线车站结构土建工程总碳排放 1.23E+09kg，单位面积的排放量为 3.79E+03kg/m²，区间施工总碳排放 5.89E+08kg，单位长度的排放量为 1.45E+04kg/m。6 号线土建工程总碳排放 1.81E+09kg，单位长度的碳排放量为 4.46E+04kg/m，根据 6 号线可研报告的投资估算，单位土建费用的碳排放量为 2.26E+03kg/万元。

6.4.7　预测结果分析

从建设土建工程的碳排放预测结构来看，对于地下敷设的线路，车站结构碳排基本占全线土建工程的 80% 左右，4 号线由于存在 1 个高架车站和 1 个半地上车站，车站结构碳排放只占全线土建工程的 67.62%，见表 6-12。

线路总碳排放及构成结构　　　　　　　　　　表 6-12

线路	车站碳排放（kg）	区间碳排放（kg）	总碳排放（kg）	车站占比
1	1.90E+09	3.44E+08	2.24E+09	84.67%
2	1.28E+09	3.14E+08	1.59E+09	80.30%
4	1.42E+09	3.92E+08	1.81E+09	78.37%
5	1.28E+09	3.82E+08	1.66E+09	77.02%
6	1.23E+09	5.89E+08	1.82E+09	67.62%

整体预测结果对比见表 6-13，其中预测线路的车站单位面积碳排放差异较小，但与 1 号线计算结果对比较小，原因是 1 号线车站顶板埋深较大，而规划的四条线路车站顶板埋深均较小。2 号线隧顶埋深最深，因此影响整条线路的区间单位长度碳排放最大。从埋深对碳排放的影响规律上看，基本符合 1 号线计算结果表现的车站 125.9kg/m 和区间 316.7kg/m 的变化趋势。1 号线是该市地铁的第一条线路，规划阶段的投资估算较小，而通过 1 号线的建设，在其他规划线路中调整了单位工程的投资估算，因此整体上呈现 1 号线单位投资费用碳排放大于规划线路的现象。

预测结果单位指标对比　　　　表 6-13

	1 号线	2 号线	4 号线	5 号线	6 号线
车站单位面积碳排放（kg/m²）	4.92E+03	3.87E+03	4.10E+03	3.83E+03	3.79E+03
区间单位长度碳排放（kg/m）	1.50E+04	1.56E+04	1.49E+04	1.43E+04	1.45E+04
线路单位长度碳排放（kg/m）	8.64E+04	7.89E+04	6.86E+04	6.20E+04	4.46E+04
单位投资费用碳排放（kg/万元）	3.44E+03	2.66E+03	2.83E+03	2.44E+03	2.26E+03

从城市地铁规划的宏观角度来看，从 1 号线到 6 号线的建设，在车站单位面积的碳排放上，规划线路比运营的 1 号线有较明显的改善，如图 6-32 所示。从规划层面，线路平均站间距可控制建设期碳排放单位指标，敷设方式可控制建设期碳排放总量。从建设层面，随着在实际工程实施中，技术方案、设备选用、材料替换等一系列具体减排措施的执行，建设城市轨道交通工程建设过程中的碳排放将逐渐降低。

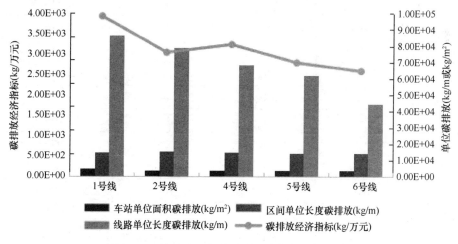

图 6-32　该城市地铁线路碳排放相关指标比较

图 6-32 也显示出区间施工碳排放的减排趋势。从 5 条线路一站一区间的碳排放结构来看，盾构区间施工的碳排放约占总碳排放 20%，但在工程投资估算中，区间的工程费用往往不止 20%，在一些可研报告的综合投资估算中有的甚至能达到 50% 以上。因此，相比车站施工，盾构区间施工属于高投资、低碳排。

在规划的 4 条线路中，4 号线最长，6 号线其次。虽然单位车站、单位区间的碳排放差异在图 6-32 中不够明显，但从全线单位碳排放量来看，2 号线至 6 号线逐渐降低，且相较于 1 号线的计算结果，总碳排放降低最少的是 6 号线，为 18.75%。降低最大的是 2 号线，为 42.41%。考虑线路长度上的差异，单位公里的碳排放降低最少的是 2 号线，为 8.68%，降低最多的是 6 号线，为 48.38%。

6.4.8 参数敏感性分析

在规划期，通常只针对线路走向、长度、车站数量作出规定，因而没有更明确的工程信息，如埋深、工法、结构形式等，根据工程估算的方法，此时也可根据车站数量、线路长度进行总碳排放预测。因此根据 1 号线碳排放计算，去掉埋深数据后导入神经网络重新训练，导入数据见表 6-14。

神经网络导入数据   表 6-14

序号	规模面积（m²）	总碳排放（kg）	区间长度（m）	碳排放（kg）
1	40563.8	2.15E+08	1450	2.24E+07
2	11455.2	6.10E+07	1582	2.36E+07
3	11455.2	3.85E+07	886	1.08E+07
4	16694.4	7.19E+07	1204	1.62E+07
5	11455.2	4.46E+07	870	1.29E+07
6	27810.7	1.58E+08	1318	2.06E+07
7	11455.2	5.59E+07	1050	1.84E+07
8	20879.1	1.18E+08	1230	2.31E+07
9	22777.2	1.31E+08	801	1.36E+07
10	34391.1	1.86E+08	1439	2.05E+07
11	9519.4	5.12E+07	1896	2.74E+07
12	8527.8	3.49E+07	1117	1.82E+07
13	34880.6	1.67E+08	1454	1.99E+07
14	12787.2	4.88E+07	1090	1.45E+07
15	17501.0	9.08E+07	1012	1.56E+07

续表

序号	规模面积（m²）	总碳排放（kg）	区间长度（m）	碳排放（kg）
16	11455.2	5.71E＋07	1022	1.59E＋07
17	11455.2	5.83E＋07	1192	2.04E＋07
18	11455.2	6.69E＋07	1267	1.66E＋07
19	11455.2	4.28E＋07	1148	1.39E＋07
20	48240.6	2.04E＋08	—	—

重新训练新网络后，分别预测 2、4、5、6 号线建设期碳排放，其中以双因素预测的碳排放结果为参照碳排放。

当预测对象样本与网络结构样本的其他属性一样时，可以忽略结构层数、工法等其他属性的影响，因此仅以车站面积、埋深为因素预测时称之为双因素预测，去掉埋深数据后，仅以车站面积、隧道长度进行预测，则对于网络系统内部而言默认预测对象样本与网络结构样本的埋深是一样的。因此与参照预测碳排放相比，新的预测数据误差是由于埋深导致的，考虑到各条线路的平均车站顶板埋深，得到 2 号线、4 号线、5 号线、6 号线的双因素预测结果与单因素预测结果对比的误差率图如图 6-33～图 6-36 所示。

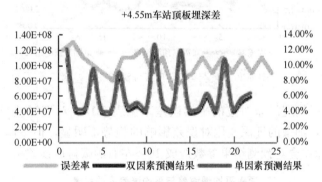

图 6-33　2 号线车站顶板埋深差与误差率

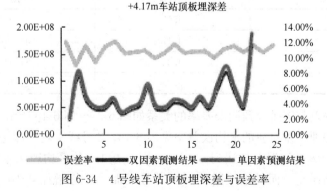

图 6-34　4 号线车站顶板埋深差与误差率

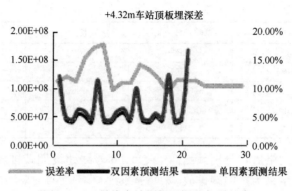

图 6-35 5 号线车站顶板埋深差与误差率

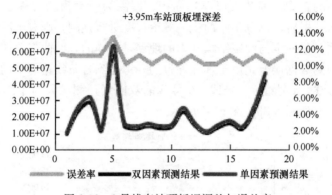

图 6-36 6 号线车站顶板埋深差与误差率

车站顶板平均埋深差对应的平均误差率见表 6-15。对埋深差与误差率均取算术平均值后，细微的埋深变化对误差影响的趋势不明显，但整体上可以看出，4m 左右的埋深差会对预测结果参数造成 10% 左右的碳排放误差率。

顶板平均埋深差与平均误差率关系表 表 6-15

线路	平均埋深差	平均误差率
2	4.55	10.05%
4	4.17	10.878%
5	4.32	11.92%
6	3.95	11.14%

隧顶埋深差与碳排放预测误差率的关系如图 6-37～图 6-40 所示。

隧顶平均埋深差对应的平均误差率见表 6-16。2 号线平均埋深差虽然变化较小，但预测的碳排放误差却达到 5.16%，即每 0.1m 的平均埋深差导致 3.97% 的碳排放预测误差，而其他线路相对于 2 号线而言，每增加 0.1m 的平均埋深

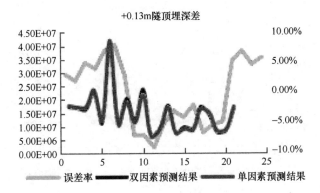

图 6-37　2 号线隧顶埋深差与误差率

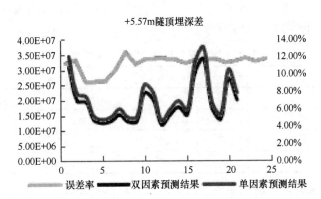

图 6-38　4 号线隧顶埋深差与误差率

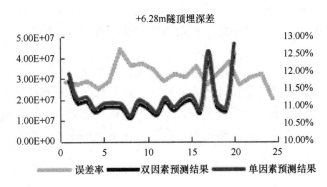

图 6-39　5 号线隧顶埋深差与误差率

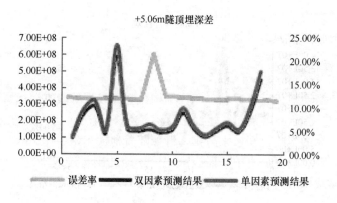

图 6-40　6 号线隧顶埋深差与误差率

差，碳排放预测误差大约增加 0.22％，可见输入因素的有无比输入因素的误差对输出碳排放的预测影响更重要。

隧顶平均埋深差与平均误差率关系表　　　　　　　表 6-16

线路	平均埋深差	平均误差率
2	0.13	5.16％
4	5.47	11.23％
5	6.28	11.87％
6	5.06	12.35％

在该市城市轨道交通预测案例中，由于基础数据的输入因素的不全面，故实际上 8 个输入因素减少为 4 个输入因素，由于规划线路与已运营 1 号线在去掉的 4 个因素方面具有比较一致的共同性，可以认为这 4 个因素对碳排放预测结果的误差影响并不明显。同时，以车站面积、区间长度预测碳排放的方法与可研阶段工程以车站面积和区间长度估算工程费用的方法比较契合，因此，预测结果可靠性、适用性较高。

在实际工程中，同一座城市或者同一条线路的车站、区间，项目概况不尽相同，例如该市地铁 6 号线中设计的高架站。因此，如果能根据全国大量城市轨道交通建设的工程量清单，计算较多输入因素下的碳排放数据库，据此建立全国城市轨道交通建设期碳排放的预测模型，将大幅降低预测误差，提高预测结果的可靠性。

6.5　考虑交通替代的城市轨道交通工程的综合碳排放评估

在之前的国内研究现状中，建设城市轨道交通的碳排放远高于地面道路。但城市轨道交通作为一种绿色环保的出行方式，在运营期具有减排优势，因此，城市轨道交通的减排潜力不可忽视。

6.5.1　综合评估模型建立

城市轨道交通建成后，对城市职住结构、空间发展等具有深远影响，城市轨道交通不仅仅分担现有客流量，也会改变客流出行情况，运营期交通方式转变、土地利用等方面的影响也会带来减排，譬如随着地铁车站一体化的开发，站点所在城市区域的商业会更加集中，而区域居民生活的碳足迹成本也会降低，因此，城市轨道交通减排潜力 A 可以定义为式（6-23）：

$$A = A_1 + A_2 \tag{6-23}$$

式中：A_1 表示由交通替代所产生的直接减排潜力；A_2 表示其他社会因素所产生的间接减排潜力。

在不考虑其他间接因素影响的情况下，定义减排潜力 A_1 是相对于其他公共交通而言由于城市轨道交通的建设、运营而产生的减排量，即公式（6-24）：

$$A_{1t} = [C_1 + O_1]_t - [C_2 + O_2]_t \tag{6-24}$$

式中：C_1、O_1 分别表示其他公共交通建设期碳排放、运营期碳排放。C_2、O_2 分别表示轨道交通建设期碳排放、运营期碳排放。t 表示减排潜力的时间范围。

城市轨道交通的建设比其他公共交通的建设产生更多的碳排放，即 $C_2 > C_1$。在运营阶段碳排放才会随着能耗的节省逐渐达到收益。譬如同济大学张清等人[110]研究了公共交通的碳排放，上海地面公交车以柴油为主，百公里能耗维持在 33.3L，出租车以汽油为主，百公里能耗维持在 12.5L，轨道交通以电力为主，百公里能耗为 263.8kW·h。

以每年运营的碳排放减少量计算城市轨道交通的减排潜力 A_0，A_0 的表达式如式（6-25）所示：

$$A_0 = C_1 + O_1 - O_2 \tag{6-25}$$

考虑到减排潜力的综合碳排放 G 预测模型 CEC-F（Carbon Emission Forecast of Construction）如式（6-26）所示：

$$G = C_2 - \gamma A_0 \tag{6-26}$$

其中，当城市轨道交通工程建设综合碳排放 $G = 0$，即 $\gamma = \dfrac{C_2}{A_0}$ 时，城市轨道交通通过运营节省的能耗刚好完全抵消建设城市轨道交通的碳排放。此时，城市轨道交通相比其他公共交通而言实现真正意义上的低碳交通。因此，定义 γ 为城市轨道交通建设的碳排放"损益分歧点"（Break Even Point of Carbonemission，BEP-C）。

在城市轨道交通工程建设的碳排放损益分歧点 γ 之前，由于建设期的大量碳排放使其相较于其他公共交通而言对环境的负荷更大，属于损害期，达损益分歧点 γ 后，由于城市轨道交通运营的大量减排使其相比于其他公共交通而言对环境更加友好，属于收益期。由于 γ 的单位为年，因此这一损益分歧点也可称为平衡年限。

为了进一步研究城市轨道交通工程建设的损益分歧点，本节提出以下四个假设：

假设一：在不建设城市轨道交通线路的情况下，需按道路设计规范建设双向四车道的城市地面道路以服务预测客流。

假设二：在不开通城市轨道交通的情况下，该线路的预测客流全部分担到其他公共机动车交通与自行车形式。

假设三：公交汽车的平均载客量按目前该市大公交车的最大载客量 126 人考虑，出租车与私家车平均乘车人数按 2 人考虑。

假设四：地面道路相比城市轨道交通线路的实际距离绕行系数为 1.2。

毛睿昌对深圳城市交通的生命周期碳排放的研究中[16]，得出沥青路面一级公路建设期物化阶段 1395t/km，施工 184t/km，地铁物化阶段 79468t/km，施工 4447t/km。地铁施工阶段总排放为 83915t/km。本节对该市地铁 1 号线计算得到 8.64E+04kg/m 的碳排放，折算相同单位后为 86400t/km，与文献中的研究成果比较接近，且均按双向四车道考虑，因此直接按单位道路长度估算该城市一级沥青道路建设的标准碳排放 τ 如式（6-27）所示：

$$\tau = 1579 \times 86400/(83915) = 1625.8\text{t/km} \tag{6-27}$$

同时，考虑一级公路设计使用年限为 20 年，每第 20 年复加建设期碳排放 τ。

根据假设一，当城市轨道交通的预测客流量为 x 时，公交汽车（以柴油为能源）客流分担率 θ_1，出租车与私家车（以液化天然气为能源）客流分担率 θ_2，自行车客流分担率 θ_3，则没有城市轨道交通时，客流量 x 中公交汽车承担比率 $a_1 = \dfrac{\theta_1}{\theta_1 + \theta_2 + \theta_3}$，出租车与私家车承担比率 $a_2 = \dfrac{\theta_2}{\theta_1 + \theta_2 + \theta_3}$。

因此，公交汽车分担客流 $a_1 x$，出租车与私家车分担客流 $a_2 x$，剩下客流由非机动车交通承担。

根据已有研究资料，公交车公里能耗 0.35L 柴油，出租车、私家车公里能耗 0.15L 天然气。柴油密度以 0.84kg/L 计算。LNG 液化天然气密度通常为 420～460kg/m³。

根据碳交易市场的能源排放系数，柴油为 3.0959kgCO₂/kg，天然气为 2.1622kgCO₂/kg。

所以公交车每公里能耗 $\mu_1 = 0.35 \times 0.84 \times 3.0959 = 0.9102\text{kg CO}_2$

出租车、私家车每公里能耗 $\mu_2 = 0.15 \times 0.44 \times 2.1622 = 0.1427 \mathrm{kg}\, CO_2$

根据假设二，每日公交汽车辆数 $\dfrac{a_1 x}{126}$，出租车与私家车辆数 $\dfrac{a_2 x}{2}$。

由于轨道交通可服务于全线总长度内的乘客需求，同线乘客一次到达无需换乘，因此，当以其他交通方式替代时，起终点与线路走向应与轨道交通保持一致才能达到所有乘客在该线方向无换乘的服务，而考虑到地面交通的绕行情况，实际线路距离应长于轨道交通。

根据假设的绕行系数 1.2，道路每日运营的碳排放如式（6-28）所示：

$$O_1 = \frac{a_1 x}{126} \times 0.9102 \times 1.2 \mathrm{L} + \frac{a_2 x}{2} \times 0.1427 \times 1.2 \mathrm{L} \tag{6-28}$$

则道路年运营的碳排放如式（6-29）所示：

$$O_{1t} = \left(\frac{a_1 x}{126} \times 0.9102 \times 1.2 \mathrm{L} + \frac{a_2 x}{2} \times 0.1427 \times 1.2 \mathrm{L} \right) \times 365 \tag{6-29}$$

轨道交通运营期能耗取 300 万 kWh/公里年，根据碳排放交易市场公布的该城市所在地区电力碳排放系数为 $0.5439 \mathrm{kg} CO_2 /\mathrm{kWh}$。

6.5.2　地铁 2 号线综合环境影响评估

以该市地铁 2 号线为例，可研报告中 2 号线的预测客流见表 6-17。

2 号线预测客流			表 6-17
年限	2019	2026	2041
客流	30.2 万人/日	57.3 万人/日	75.3 万人/日

2 号线区间总长度 20.15km，则道路建设碳排放 $C = 20.15 \times 1.2 \times 1625.8 = 39310.86\mathrm{t}$。

2 号线建设预测碳排放为 1.49E＋09kg，相比道路建设而言，多余碳排放为 $\omega = 1489985.24 - 39310.86 = 1450674.38\mathrm{t}$。

在既有文献对客流增长模型的研究中，各城市的轨道交通客流增长模式差异较大，有近似线性增长、对数增长和指数增长等形式。由于地铁 2 号线可研报告中对客流增长模型没有详细分析，因此假设 2019 年至 2026 年、2026 至 2041 年客流增长率 k_1、k_2 不变，则有计算式（6-30）、式（6-31）。

$$30.2 (1+k_1)^7 = 57.3 \tag{6-30}$$

$$57.3 (1+k_2)^{15} = 75.3 \tag{6-31}$$

计算得到 2019～2026 年增长率 k_1、2026～2041 年增长率 k_2 结果如式（6-32）、式（6-33）所示。

$$k_1 = 0.0958 \tag{6-32}$$

$$k_2 = 0.0184 \tag{6-33}$$

根据 2 号线的交通出行比例，见表 6-18。

2 号线沿线交通出行比例 表 6-18

自行车	公交车	出租车	私家车	合计
14.60%	16.70%	4.60%	9.20%	45.10%

则公交车与出租车、私家车承担比率 a_1、a_2 分别为：37.03%、30.60%。

计算得到 2019~2041 年各年度轨道运营碳排放和道路运营碳排放见表 6-19。

2 号线碳收益计算表（单位：kg） 表 6-19

年限	客流（万人）	O_1	C_1	O_2	C_2	$[C_1+O_1]_t$	$[C_2+O_2]_t$	A_{1t}
2019	30.2	6.53E+07	3.93E+07	3.29E+07	1.49E+09	1.10E+08	1.52E+09	−1.42E+09
2020	33.1	7.16E+07	0.00E+00	3.29E+07	0.00E+00	1.81E+08	1.56E+09	−1.38E+09
2021	36.3	7.84E+07	0.00E+00	3.29E+07	0.00E+00	2.60E+08	1.59E+09	−1.33E+09
2022	39.7	8.59E+07	0.00E+00	3.29E+07	0.00E+00	3.46E+08	1.62E+09	−1.28E+09
2023	43.5	9.42E+07	0.00E+00	3.29E+07	0.00E+00	4.40E+08	1.65E+09	−1.22E+09
2024	47.7	1.03E+08	0.00E+00	3.29E+07	0.00E+00	5.43E+08	1.69E+09	−1.15E+09
2025	52.3	1.13E+08	0.00E+00	3.29E+07	0.00E+00	6.56E+08	1.72E+09	−1.07E+09
2026	57.3	1.24E+08	0.00E+00	3.29E+07	0.00E+00	7.80E+08	1.75E+09	−9.78E+08
2027	58.4	1.26E+08	0.00E+00	3.29E+07	0.00E+00	9.06E+08	1.79E+09	−8.85E+08
2028	59.4	1.29E+08	0.00E+00	3.29E+07	0.00E+00	1.03E+09	1.82E+09	−7.89E+08
2029	60.5	1.31E+08	0.00E+00	3.29E+07	0.00E+00	1.17E+09	1.85E+09	−6.91E+08
2030	61.6	1.33E+08	0.00E+00	3.29E+07	0.00E+00	1.30E+09	1.88E+09	−5.91E+08
2031	62.8	1.36E+08	0.00E+00	3.29E+07	0.00E+00	1.43E+09	1.92E+09	−4.88E+08
2032	63.9	1.38E+08	0.00E+00	3.29E+07	0.00E+00	1.57E+09	1.95E+09	−3.82E+08
2033	65.1	1.41E+08	0.00E+00	3.29E+07	0.00E+00	1.71E+09	1.98E+09	−2.75E+08
2034	66.3	1.43E+08	0.00E+00	3.29E+07	0.00E+00	1.86E+09	2.02E+09	−1.64E+08
2035	67.5	1.46E+08	0.00E+00	3.29E+07	0.00E+00	2.00E+09	2.05E+09	−5.09E+07
2036	68.8	1.49E+08	0.00E+00	3.29E+07	0.00E+00	2.15E+09	2.08E+09	6.50E+07
2037	70.0	1.51E+08	0.00E+00	3.29E+07	0.00E+00	2.30E+09	2.11E+09	1.84E+08
2038	71.3	1.54E+08	0.00E+00	3.29E+07	0.00E+00	2.46E+09	2.15E+09	3.05E+08
2039	72.6	1.57E+08	3.93E+07	3.29E+07	0.00E+00	2.61E+09	2.18E+09	4.68E+08
2040	74.0	1.60E+08	0.00E+00	3.29E+07	0.00E+00	2.77E+09	2.21E+09	5.95E+08
2041	75.3	1.63E+08	0.00E+00	3.29E+07	0.00E+00	2.94E+09	2.25E+09	7.25E+08

绘制得到 2 号线碳排放损益分歧图如图 6-41 所示。

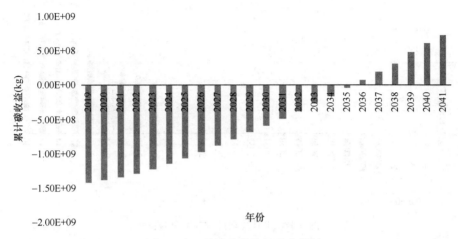

图 6-41　2 号线碳排放损益分歧图

即 2 号线建设完成后，相比同等运输能力的地面道路交通建设，多排放 1.41E＋09kgCO$_2$，随着 2 号线的运营，客流出行方式的改变使交通能耗从柴油、汽油等转变成电能，到 2035 年（建成运营后 16 年），轨道交通的运营减排效果可全部抵销建设期间的碳排放，且 2035 年后，2 号线的运营属于严格意义上的"绿色交通"，即 2 号线碳排放平衡年限 $\gamma = 16$。

6.5.3　规划地铁线路碳排放平衡年限评估

规划 4 号线客流预测见表 6-20。

4 号线客流预测　　　　　　　　　　　　表 6-20

年限	2024	2031	2046
客流	41.75 万人/日	69.65 万人/日	84.47 万人/日

计算并绘制得到 4 号线碳排放损益曲线如图 6-42 所示。

规划 5 号线客流预测见表 6-21。

5 号线客流预测　　　　　　　　　　　　表 6-21

年限	2024	2031	2046
客流	21.36 万人/日	41.87 万人/日	59.56 万人/日

计算并绘制得到 5 号线碳排放损益曲线如图 6-43 所示。

规划 6 号线客流预测见表 6-22。

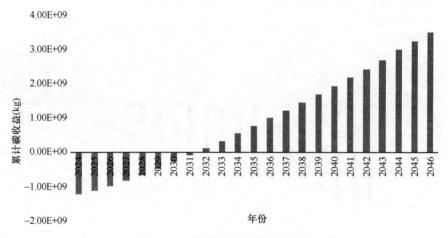

图 6-42　4 号线碳排放损益分歧图

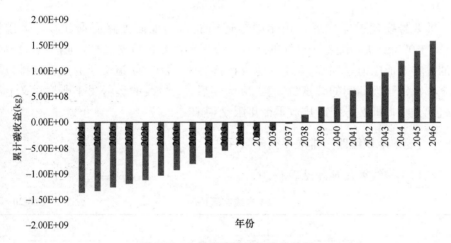

图 6-43　5 号线碳排放损益分歧图

6 号线客流预测　　　　　　　　　　　　　　　　　　表 6-22

年限	2022	2029	2044
客流	23.11 万人/日	35.46 万人/日	54.77 万人/日

　　计算并绘制得到 6 号线碳排放损益曲线如图 6-44 所示。

　　4 号线预测客流大，建成运营后第 8 年即可达到"零碳排"，5 号线的平衡年限为 13 年，6 号线的平衡年限为 12 年。实际上，综合评估模型的建立只考虑了由交通替代所产生的直接减排潜力 A_1，而其他间接社会因素所产生的减排潜力 A_2 没有量化考虑，因此，若该市地铁建设运营后的实际客流能达到预测客流，

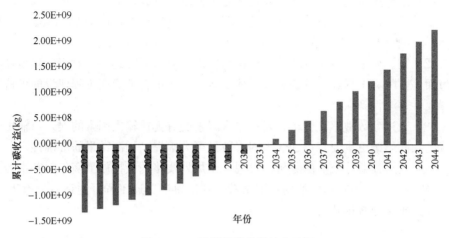

图 6-44　6 号线碳排放损益分歧图

则实际碳排放平衡年限会更短,综合 4 条线路的平衡年限来看,该市规划建设的城市轨道交通线路基本可在 15 年内达到碳排放收益平衡。

　　根据之前的预测结果,4 号线单位投资费用碳排放最大,6 号线线路单位长度碳排放最小,可认为建设 6 号线比 4 号线更有利于环境保护。但实际上,从平衡年限考虑建设 4 号线更有利于促进城市轨道交通的减排效果,见表 6-23。2 号线建设总碳排放最低,但无论从线路单位长度碳排放考虑,还是从平衡年限考虑,交通减排能力相对最低。然而对于轨道交通 100 年的设计使用年限而言,4 条规划线路约有 85 年的运营期间处于减排收益中,因此,该市地铁的建设基本符合节能减排的理念。

规划线路综合碳排放评估　　　　　　　　　　　　　　　　　表 6-23

	2 号线	4 号线	5 号线	6 号线
预测总碳排放（kg）	1.59E+09	1.81E+09	1.66E+09	1.82E+09
线路单位长度碳排放（kg/m）	7.89E+04	6.86E+04	6.20E+04	4.46E+04
单位投资费用碳排放（kg/万元）	2.66E+03	2.83E+03	2.44E+03	2.26E+03
平衡年限（年）	16	8	15	12

6.6　本　章　小　结

　　通过对既有城市轨道交通线路的建设期碳排放计算,建立规划线路碳排放预测的神经网络模型,并针对规划线路建设碳排放大、运营碳排放小的特征提出碳排放"损益分歧点"和"平衡年限"的概念。得到如下结论:

（1）案例城市地铁 1 号线建设期土建工程总碳排放 225 万吨，单位长度的碳排放量为 86.4 吨/m，其中，地铁车站土建工程碳排放 191 万吨，占总碳排放 84.67％；盾构区间施工总碳排放 34 万吨，占总碳排放 15.33％。

（2）案例城市地铁规划线路的单位长度碳排放呈下降趋势，对于新建地铁的城市而言，随着工程经验的积累或其他因素，使城市轨道交通工程建设的可持续发展属性逐渐得到强化。

（3）通过参数敏感性分析，发现输入因素的有无比输入因素的误差对输出碳排放的预测影响更重要，增加输入因素数量可大幅提高预测结果的准确性。

（4）通过损益分歧点的分析，发现 4 条规划线路的碳排放平衡年限基本控制在 15 年以内，从 100 年的使用年限来看，城市轨道交通工程开通运营后有近 85 年时间处于交通减排状态。

第 7 章　基于生态比值法的城市轨道交通工程环境影响综合评估模型

参考日本 CASBEE 评估体系，结合地铁车站建设期的工程特征，建立了以 *SEE*（Station Ecological Efficiency）值为生态效率表达结果的评估体系，评估体系包括建立指标体系、权重体系、评价细则和评价方式。最终以软件的形式将评估体系应用于案例分析，对评估案例的结果进行分析，验证了评估体系的理论可行性。

7.1　指　标　体　系

7.1.1　指标建立

1. 指标建立原则

理想的指标应具有的特点[108]：

（1）指标应具有清晰的价值取向

指标对某一信息"好"与"坏"的认识上必须明确。

（2）指标应有清晰的内容

指标所包含的信息内容要易于理解，便于评价者对该指标信息的理解，以便对相关内容进行迅速准确的评估。

（3）指标应具有激励性

评价指标所具有的作用并不只限于对相关内容进行评估，对于地铁车站建设期生态效率评估来说，其也应对施工单位有引导和指向作用，激励施工单位朝着指标所指示的方向发展。

（4）指标应具有利益相关性

指标应反映出各利益方的相关利益，即使最小的利益相关方也能在其中体现出应有的部分。对于地铁车站建设期生态效率评估，指标需要体现出施工单位、周边居民等的利益，最终以达到对生态效率的一致认定。

（5）指标具有可行性

指标应在花费合理成本的条件下，能够方便地测得。

（6）指标应具有信息充足性

指标所含信息不能过多而影响对其的深入理解，同样，指标所含信息也不能太少而不足以对某一事物的某一方面进行足够的说明，进而影响评价。

2. 一级指标

地铁车站建设中，人、机、环境构成的硬件系统称作人机环境系统，建设过程就是人机环境系统控制各种能量、电、水、风等对地铁车站进行施工的过程[110]。根据 CASBEE 的假想空间，在这一过程中以施工场地边界和施工最高点与最低点之间的封闭空间作为研究对象，其生态效率则体现在施工环境影响与施工能量消耗的平衡上。其中，施工环境影响包括对封闭空间内的影响（职业健康影响）和对封闭空间外的影响（自然社会影响），施工能量消耗包括水资源消耗、能源消耗、材料消耗以及土地干扰（即"四节"）。地铁车站本着"以人为本"的服务原则，其建设过程也应当注重"以人为本"，建立"价值—影响比值法"，从"施工环境""周边环境""管理与服务"体现建设施工过程对"人"的价值保障，同时从"四节"措施体现对自然社会环境影响的控制，间接控制对"人"的影响。通过"价值—影响比值法"分析，评估地铁车站建设期的生态效率。

在评价地铁车站建设期生态效率时，将建设施工环境性能类别分为"施工场地环境质量与性能 Q"和"施工建设环境负荷 L"两类。

针对建设期的特点，考虑工地施工人员（包括工人、技术人员等）的工作环境（空气、湿度、噪声、温度、光环境、安全讲课环境）和周边居民的生活环境，Q 设立三个一级指标，分别为：Q1——施工环境、Q2——周边环境、Q3——管理与服务。L 则用施工建设环境负荷降低 LR 表达，LR 设立四个一级指标，分别为 LR1——节能与能源利用、LR2——节材与材料利用、LR3——节水与水资源利用、LR4——节地与土地利用，见表 7-1。

一级指标　　　　　　　　　　　　　　　　　　表 7-1

评价项目	一级指标
施工场地环境质量与性能 Q	Q1——施工环境
	Q2——周边环境
	Q3——管理与服务
施工建设环境负荷降低 LR	LR1——节能与能源利用
	LR2——节材与材料利用
	LR3——节水与水资源利用
	LR4——节地与土地利用

下级指标皆参考相关规范，主要包括北京市地方标准《绿色施工管理规程》DB11/513—2015、北京市地方标准《绿色建筑评价标准》DB11/T 825—2011、

《地铁设计规范》GB 50157—2013、《公路隧道施工技术规范》JTG F60—2009、《建筑施工场界环境噪声排放标准》GB 12523—2011、《建筑施工安全技术统一规范》GB 50870—2013 等规范。

3. 二级指标

对于施工环境，其对施工场所内的影响主要有两部分，第一部分是地面施工影响，第二部分是地下施工影响。CASBEE 对室内环境质量主要从声音、光照、空气来划分指标，充分考虑了人的直观感受，因此施工环境 Q1 二级指标也从这几个方面考虑，具体见表 7-2。

Q1 二级指标表　　　　　　　　　　　　　　　　表 7-2

一级指标	二级指标
Q1——施工环境	Q1.1 空气质量
	Q1.2 声环境质量
	Q1.3 隧道热湿环境质量
	Q1.4 扬尘质量

周边环境 Q2 则主要从周边人员调查得到二级指标，见表 7-3。

Q2 二级指标表　　　　　　　　　　　　　　　　表 7-3

一级指标	二级指标
Q2——周边环境	Q2.1 交通组织
	Q2.2 扬尘质量
	Q2.3 噪声环境
	Q2.4 光环境质量

管理与服务 Q3 主要参考《建筑施工安全技术统一规范》GB 50870—2013，制定表 7-4 中二级指标，以保障施工人员的安全健康，降低社会影响。

Q3 二级指标表　　　　　　　　　　　　　　　　表 7-4

一级指标	二级指标
Q3——管理与服务	Q3.1 安全制度
	Q3.2 职业健康
	Q3.3 环境安全

施工建设环境负荷降低 LR 则参考《绿色建筑评价标准》DB11/T 825—2011，选择其中适用于建设期的指标，LR1、LR2、LR3、LR4 二级指标见表 7-5～表 7-8。

LR1 二级指标表 表 7-5

一级指标	二级指标
LR1——节能与能源利用	LR1.1 可再生能源利用
	LR1.2 设备系统高效化
	LR1.3 用电管理

LR2 二级指标表 表 7-6

一级指标	二级指标
LR2——节材与材料利用	LR2.1 材料使用环保率程度
	LR2.2 材料负荷程度
	LR2.3 废材料利用

LR3 二级指标表 表 7-7

一级指标	二级指标
LR3——节水与水资源利用	LR3.1 节水程度
	LR3.2 地下水资源保护
	LR3.3 废水回收利用

LR4 二级指标表 表 7-8

一级指标	二级指标
LR4——节地与土地利用	LR4.1 土地利用
	LR4.2 土地扰动
	LR4.3 土地污染

4. 三级指标

二级指标为一级指标的评估指明了方向，制定三级指标是为了精确地评价二级指标囊括的内容。通过查阅大量相关规范，选择三级指标的评价。主要参考资料有：

（1）CASBEE 评价导则；

（2）《绿色施工管理规程》DB11/513—2015；

（3）《建筑施工安全技术统一规范》GB 50870—2013。

7.1.2 基于专家调查法的指标体系初筛

本阶段通过向 20 位专家发送调查问卷，根据专家意见，对指标体系进行第一步初筛，过滤掉重要性低、符合性低的指标。

7.1.3　基于模糊信息熵方法的指标体系修正

1. 修正方法

本节采用的是基于信息熵改进方法。信息熵是对信息不确定性的客观反映，信息熵在用于进行综合评价时，一般用熵值的大小来说明某项指标的离散程度，即熵值越大，指标的离散程度越大，就代表该项指标对评价结果的影响程度越大。

首先专家根据对某个指标的认可度进行打分；然后研究这些分值；最后根据指标分值信息的稳定程度，再结合指标的专家打分经验权重，完成指标的筛选。筛选的主要标准是指标分值信息比较稳定，而且专家打分计算的经验权重也相当，符合条件的可作为建筑节能标准评估指标体系的指标，否则删除。

模糊信息熵法[109]是指根据信息的不确定性概率的大小而决定指标取舍的一种数学方法，是在信息熵方法中引用模糊集和隶属度函数两种思想，进一步扩大了信息熵方法的使用范围。其进行指标筛选主要是通过经验权重和熵值、熵权来完成的。具体步骤有以下 5 步：

（1）标准化处理原始矩阵。

设评估对象 m 个，指标 n 个；然后对每个对象的每个指标打分，从而获得状态矩阵 R。本节考虑到指标的多样性、抽象性以及无法数值化的特点，应用五分制打分法，即指标得分高低代表指标重要程度的高低。标准化处理状态矩阵 R，得到标准化矩阵 R'。设 r_{ij} 是状态矩阵 R 中的元素，r'_{ij} 是标准化矩阵 R' 中的元素，则两者之间的关系如式（7-1）所示：

$$r'_{ij} = \frac{r_{ij} - \min(r_{ij})}{\max(r_{ij}) - \min(r_{ij})} \quad i = 1, 2, \cdots, m; j = 1, 2, \cdots, n \tag{7-1}$$

（2）计算熵值 h_j 的公式如式（7-2）、式（7-3）所示：

$$\pi_{ij} = \frac{r'_{ij}}{\sum\limits_{i=1}^{m} r'_{ij}} \tag{7-2}$$

$$h_j = -\frac{1}{\ln m} \sum_{i=1}^{m} \pi_{ij} \ln \pi_{ij} \tag{7-3}$$

（3）计算熵权 w_j 的公式如式（7-4）所示：

$$w_j = \frac{1 - h_j}{n - \sum\limits_{j=1}^{n} h_j} \tag{7-4}$$

（4）计算指标权重。

经验权重的确定是指各指标所占的比重百分比，一般采用专家打分法计算。本节采用专家打分的方法，定义经验权重为所有专家对某个指标打分之和与所有专家对所有指标打分之和的比值 q_j，计算公式如式（7-5）所示：

$$q_j = \frac{\sum\limits_{i=1}^{m} r'_{ij}}{\sum\limits_{j=1}^{n} \sum\limits_{i=1}^{m} r'_{ij}} \tag{7-5}$$

（5）结合熵权和专家经验权重筛选指标。

由专家打分法和模糊信息熵法相结合的综合方法筛选建筑节能标准评估指标。针对建筑节能标准评估中的这些指标影响的重要程度选择 8 位专家进行打分，采用五分制打分方法，即 5 分表示极其重要、4 分表示比较重要、3 分表示一般重要、2 分表示不太重要、1 分表示不重要。

2. 最终评价指标

通过指标筛选，最终得到表 7-9 所示的评价指标。

筛选后评价指标　　　　　　　　　　表 7-9

一级指标	二级指标	三级指标	评价项目
Q1——施工环境	Q1.1 空气质量	Q1.1.1 污染控制	C1 化学污染物质
			C2 垃圾管理
			C3 矿物纤维对策
		Q1.1.2 新风质量	C4 新风量
			C5 自然通风性能
		Q1.1.3 运行管理	C6 CO_2 监测
			C7 吸烟管理
	Q1.2 声环境质量	Q1.2.1 噪声	C8 施工时最高噪声
			C9 噪声持续
			C10 设备噪声对策
		Q1.2.2 隔声	C11 隔墙
	Q1.4 扬尘质量	Q1.4.1 工作环境扬尘	C12 扬尘数量
		Q1.4.2 扬尘控制	C13 主要道路硬化
			C14 冲洒水设备
			C15 材料管理
			C16 施工扬尘控制

一级指标	二级指标	三级指标	评价项目
Q2——周边环境	Q2.1 交通组织	Q2.1.1 交通影响	C17 交通影响
		Q2.1.2 梳理对策	C18 交通梳理
	Q2.2 扬尘质量	Q2.2.1 周边扬尘	C19 扬尘数量
		Q2.2.2 排放控制	C20 大风天对策
			C21 拆除作业措施
			C22 机械剔凿措施
	Q2.3 噪声环境	Q2.3.1 工作噪声	C23 施工噪声
		Q2.3.2 噪声控制	C24 强噪声设备控制
			C25 运输车辆入场控制
	Q2.4 光环境质量	光污染控制	C26 作业时间安排
			C27 夜间施工控制
Q3——管理与服务	Q3.1 安全制度	Q3.1.1 安全技术规划	C28 安全体系
			C29 安全目标
		Q3.1.2 安全技术分析	C30 危险源辨识
			C31 安全风险评估
			C32 安全技术方案
		Q3.1.3 安全技术控制	C33 施工过程安全
			C34 材料及设备安全
			C35 建立第三方监测预警
	Q3.2 职业健康	Q3.2.1 安全保障	C36 员工培训
			C37 工人安全教育
			C38 工程保险机制
		Q3.2.2 安全措施	C39 危害作业警示标志
			C40 安全帽、带、鞋
			C41 合理安排作息时间
		Q3.2.3 生活设施	C42 功能区域齐全(临时房合格)
			C43 生活区卫生防疫
			C44 医务室条件
	Q3.3 环境安全	Q3.3.1 安全警示	C45 安全制度
			C46 突发事件处置流程
		Q3.3.2 保护措施	C47 架空输电导线安全距离
			C48 夜间指示
			C49 安全警示标志
			C50 围护栏杆防跌落网
			C51 地下管线保护

一级指标	二级指标	三级指标	评价项目
LR1——节能与 能源利用	LR1.1 可再生能源利用	可再生能源利用率	N1 可再生能源利用率
	LR1.2 设备系统高效化	LR1.2.1 通风设备	N2 通风设备
		LR1.2.2 机械设备管理	N3 机械设备管理
		LR1.2.3 新技术采用	N4 新技术采用
	LR1.3 用电管理		N5 用电管理
LR2——节材与 材料利用	LR2.1 材料使用环保率 程度	LR2.1.1 可循环利用材料	N6 可循环利用材料
		LR2.1.2 当地建材使用率	N7 当地建材使用率
		LR2.1.3 现行推广 建材使用	N8 现行推广建材使用
	LR2.2 材料负荷程度	健康无害	N9 健康无害
	LR2.3 废材料利用		N10 废材料利用率
LR3——节水与水 资源利用	LR3.1 节水程度	LR3.1.1 雨水利用	N11 雨水利用
		LR3.1.2 用水计量管理	N12 用水计量管理
	LR3.2 地下水资源保护	限制施工降水	N13 限制施工降水
	LR3.3 废水回收利用		N14 废水回收
LR4——节地与 土地利用	LR4.1 土地利用	LR4.1.1 建设占地原功能	N15 建设占地原功能
		LR4.1.2 建设占地面积	N16 建设占地面积
	LR4.2 土地扰动	LR4.2.1 土壤环境调查	N17 土壤环境调查
		LR4.2.2 绿化影响	N18 绿化影响
		LR4.2.3 地表沉降控制	N19 地表沉降控制
	LR4.3 土地污染	LR4.3.1 恶臭	N20 恶臭
		LR4.3.2 化学排放	N21 化学排放

7.2 权重及评价方式

7.2.1 一级指标权重

CASBEE 中权重系数是由产（企业）、政（政府）、学（学术界）组成各专业委员会通过对提高建筑物环境质量与性能、降低外部环境负荷的重要性的反复比较，并经案例试评后确认、决定的。为了减少现阶段资源匮乏而导致的主观赋权影响，本次评价的权重皆采用已有评估体系的权重。其中，施工场地环境质量与性能 Q 借鉴《CASBEE-新建建筑·评价手册》2004 年版增补的"工厂"的权重系数。一级指标权重见表 7-10。

	Q 一级指标权重	表 7-10
CASBEE 工厂	Q 施工场地环境质量与性能	权重
Q1 室内环境	Q1 施工环境	0.30
Q2 服务性能	Q3 管理与服务	0.30
Q3 室外环境	Q2 周边环境	0.40

《绿色建筑评价标准》GB/T 50378—2014 中，对建筑节能、节地、节水、节材、保护环境等性能进行了综合的评价。其中 LR1 节能与能源利用、LR2 节材与材料利用、LR3 节水与水资源利用、LR4 节地与土地利用的权重分别为 0.28、0.19、0.18、0.16。参考其相对重要性，在本次评估体系中 LR 的权重见表 7-11。

LR 一级指标权重	表 7-11
二级指标	权重
LR1 节能与能源利用	0.35
LR2 节材与材料利用	0.23
LR3 节水与水资源利用	0.22
LR4 节地与土地利用	0.20

7.2.2　二级指标权重

通常在解决指标权重问题的时候，常常使用根据其相对重要性进行赋权的方法，这种方法难免掺杂人为主观意识的影响，且指标之间的相互关系没有考虑，导致这种方法赋权会降低评估结果的准确性。因此，三级指标赋权采用层次分析法（Analytic Hierarchy Process，AHP）。

层次分析法[110]是指将一个复杂的多目标决策问题作为一个系统，将目标分解为多个目标或准则，进而分解为多指标（或准则、约束）的若干层次，通过定性指标模糊量化方法算出层次单排序（权数）和总排序，以作为目标（多指标）、多方案优化决策的系统方法。层次分析法是将决策问题按总目标、各层子目标、评价准则直至具体的备投方案的顺序分解为不同的层次结构，然后得用求解判断矩阵特征向量的办法，求得每一层次的各元素对上一层次某元素的优先权重，最后再采用加权和的方法递阶归并各备择方案对总目标的最终权重，此最终权重最大者即为最优方案。这里所谓"优先权重"是一种相对的量度，它表明各备择方案在某一特点的评价准则或子目标，标下优越程度的相对量度，以及各子目标对上一层目标而言重要程度的相对量度。层次分析法比较适合于具有分层交错评价指标的目标系统，而且目标值又难于定量描述的决策问题。其用法是构造判断矩阵，求出其最大特征值及其所对应的特征向量 W，归一化后，即为某一层次指标对于上一层次某相关指标的相对重要性权值。

第一步：构建层次结构模型

在对施工场地环境质量与性能 Q 进行评价时，其二级指标见表 7-12。

Q 二级指标表　　　　　　　　表 7-12

一级指标	二级指标
Q1——施工环境	Q1.1 空气质量
	Q1.2 声环境质量
	Q1.4 扬尘质量
Q2——周边环境	Q2.1 交通组织
	Q2.2 扬尘质量
	Q2.3 噪声环境
	Q2.4 光环境质量
Q3——管理与服务	Q3.1 安全制度
	Q3.2 职业健康
	Q3.3 环境安全

评估元素总结为：M1 空气质量、M2 交通组织、M3 扬尘环境、M4 声环境、M5 光环境、M6 安全制度、M7 职业健康、M8 环境安全。通过层次分析法软件构建层次结构模型如图 7-1 所示。

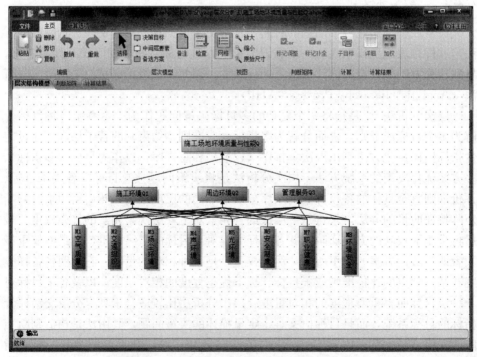

图 7-1　YAAHP 软件建立层次结构模型

第二步：构造判断矩阵

判断矩阵是通过指标元素的两两对比，从绝对重要、十分重要、比较重要、稍微重要、同样重要对其进行评价，其中重要关系的量化表达见表 7-13。

重要关系的量化表达　　　　　　　　　　　　　　　表 7-13

A/B	1/9	1/7	1/5	1/3	1	3	5	7	9
意义	B绝对重要	B十分重要	B比较重要	B稍微重要	A和B同样重要	A稍微重要	A比较重要	A十分重要	A绝对重要

通过专家对 M1～M8 进行对比讨论，最后得到的判断矩阵如图 7-2 所示。

	M1空气质量	M2交通组织	M3扬尘环境	M4声环境	M5光环境	M6安全制度	M7职业健康	M8环境安全
M1空气质量		7	1/3	4	6	1/2	1/2	1/3
M2交通组织			1/8	1/3	1/5	1/9	1/9	1/9
M3扬尘环境				5	7	2	2	5
M4声环境					4	1/4	1/5	1/3
M5光环境						1/7	1/8	1/5
M6安全制度							1/2	4
M7职业健康								4
M8环境安全								

图 7-2　YAAHP 软件输入判断矩阵

分析得到的文字描述方式如图 7-3 所示。

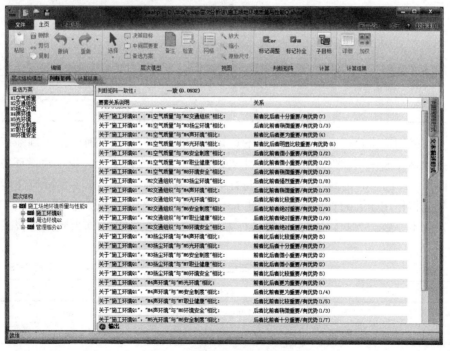

图 7-3　判断矩阵的文字描述

第三步：计算指标权重

通过计算，得到各指标的权重如图 7-4 所示。

M1空气质量	0.1044
M2交通组织	0.0161
M3扬尘环境	0.2868
M4声环境	0.0478
M5光环境	0.0271
M6安全制度	0.1850
M7职业健康	0.2301
M8环境安全	0.1028

图 7-4　YAAHP 软件计算指标权重

通过权重分析，最终得到各指标的权重见表 7-14。

Q 三级指标权重　　　　　　　　　　　　　　表 7-14

二级指标	三级指标	权重
Q1——施工环境	Q1.1 空气质量	0.24
	Q1.2 声环境质量	0.11
	Q1.4 扬尘质量	0.65
Q2——周边环境	Q2.1 交通组织	0.20
	Q2.2 扬尘质量	0.40
	Q2.3 噪声环境	0.20
	Q2.4 光环境质量	0.20
Q3——管理与服务	Q3.1 安全制度	0.36
	Q3.2 职业健康	0.44
	Q3.3 环境安全	0.20

　　在采用层次分析法对施工建设环境负荷降低 LR 进行评价时，由于判断矩阵不一致，无法采用软件计算方式得到权重结果。根据专家意见，施工建设环境负荷降低 LR 的影响是间接作用于人与社会，无法同施工场地环境质量与性能 Q 一样直接作用于人的直观感受，因此 LR 的对比因素主观意识太强烈，导致了判断矩阵不一致。为此，LR 的三级指标采用平均赋权的方法，即得到最终权重见表 7-15。

LR 三级指标权重　　　　　　　　　　　　　表 7-15

二级指标	三级指标	权重
LR1——节能与能源利用	LR1.1 可再生能源利用	0.33
	LR1.2 设备系统高效化	0.33
	LR1.3 用电管理	0.33

续表

		权重
LR2——节材与材料利用		0.50
		0.50
		0.33
LR3——节水与水资源利用	LR3.2 地下水资源保护	0.33
	LR3.3 废水回收利用	0.33
	LR4.1 土地利用	0.33
LR4——节地与土地利用	LR4.2 土地扰动	0.33
	LR4.3 土地污染	0.33

7.2.3　三级指标处理

三级指标不设权重。二级指标的评分是通过三级指标实现的，因此通过三级指标的得分率来对二级指标进行评分，二级指标得分计算结果见表 7-16。

二级指标得分计算表　　　　　　　　　　　　　表 7-16

三级指标得分率 K	二级指标得分
$0 \leqslant K < 0.2$	1
$0.2 \leqslant K < 0.4$	2
$0.4 \leqslant K < 0.6$	3
$0.6 \leqslant K < 0.8$	4
$0.8 \leqslant K < 1$	5

7.2.4　评估体系

根据评价细则以及指标权重，即可得到施工场地环境质量与性能 Q 和施工建设环境负荷降低 LR 的得分。为了更加直观地表达生态效率的概念，以 SEE (Station Ecological Efficiency) 作为评估计算结果，如式（7-6）所示：

$$SEE = \frac{S_Q}{S_L} \tag{7-6}$$

式中：S_Q 表示施工场地环境质量与性能 Q 的得分；S_L 表示施工建设环境负荷 L 的得分，施工建设环境负荷 L 的得分通过施工建设环境负荷降低 LR 的得分计算，折算成百分制得到最终计算公式为：

$$SEE = \frac{S_Q}{S_L} = \frac{(S_Q - 1) \times 25}{(5 - S_{LR}) \times 25} \tag{7-7}$$

$$S_Q = 0.3Q1 + 0.4Q2 + 0.3Q3 \tag{7-8}$$

$$S_{LR} = 0.35LR1 + 0.23LR2 + 0.22LR3 + 0.2LR4 \tag{7-9}$$

7.3 评 价 细 则

在进行指标打分评价细则时，首先参考 CASBEE 中评分细则，对于引入标准规范的，则参考我国相关标准规范进行调整。根据标准规范衍生的指标，评价方式有 2 种处理结果：一是达到标准规范为中间值 3 分，未到达或达到且更好为最低值 1 分或最高值 5 分；二是针对不易划分评价等级的指标，则根据三级指标的整体得分率来赋予二级指标的分值。

7.4 评 估 软 件

7.4.1 评估软件制作

根据评价细则和计算公式，通过 Microsoft Visual Studio 编程制作评估软件。Microsoft Visual Studio（简称 VS）是美国微软公司的开发工具包系列产品，程序界面如图 7-5～图 7-8 所示。

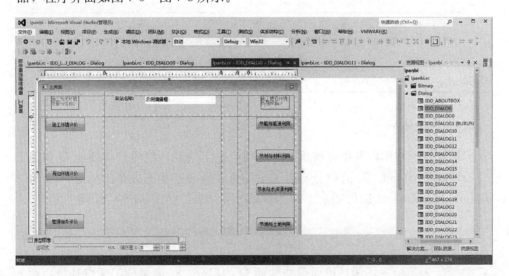

图 7-5　VC 编程界面

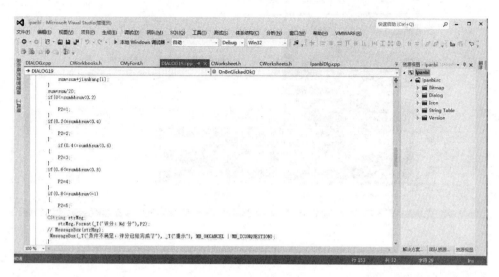

图 7-6　软件编程界面

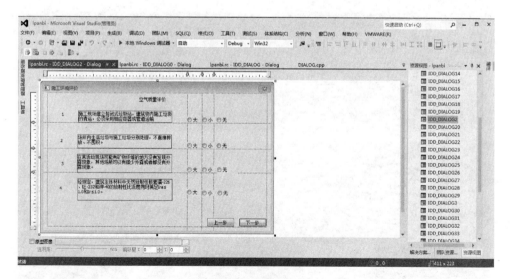

图 7-7　评价界面

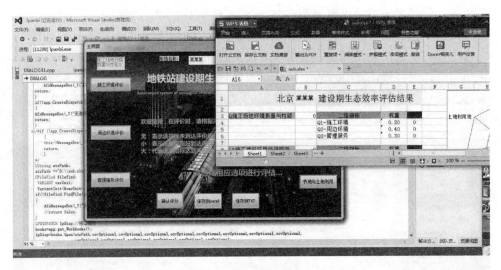

图 7-8　评价界面编写

7.4.2　评估软件功能

打开软件之后，进入界面如图 7-9 所示，单击进入评估系统开始评估，单击退出键则退出评估系统。

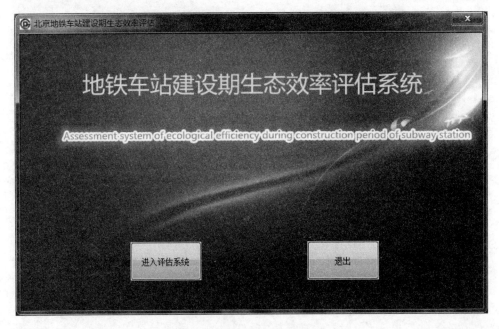

图 7-9　评估软件系统进入界面

进入评估系统后的界面如图 7-10 所示，输入评估车站名称，首先阅读界面中介绍的"大、小、无"评价选项含义，进入左侧施工场地环境质量与性能 Q 的评价和右侧施工建设环境负荷降低 LR 的评价，根据实际情况选择对应评分，评估完后，选择确认评分可查看各指标具体评分结果，点击保存到 Excel 则可查看得分雷达图和柱状图，为了方便数据的保存，还可点击保存到 txt 文件以文本的方式保存评估分数。

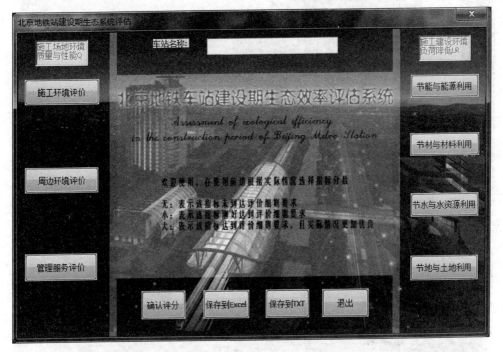

图 7-10　评估软件系统界面

进入施工环境评价的界面，依次进行空气质量评价、隧道环境评价、运行管理评价、声环境评价、扬尘评价。其中隧道环境评价根据车站明挖、暗挖方法的选择进行不同的新风质量评价，勿同时进行明暗挖新风质量评价，否则结果无效。粉尘浓度则一致评价，评价界面如图 7-11～图 7-18 所示。

单击确定，完成评估并退出，进行周边环境评价，评价界面如图 7-19～图 7-22 所示。

单击确定即可完成评价并退出，进入管理服务评价。管理服务评价下设安全制度评价、职业健康评价、环境安全评价，这一界面采用分步进行评价的形式，如图 7-23 所示。

安全制度进行评价时，需满足一定的必选项，方可对必选项下的指标进行评价，如图 7-24、图 7-25 所示。

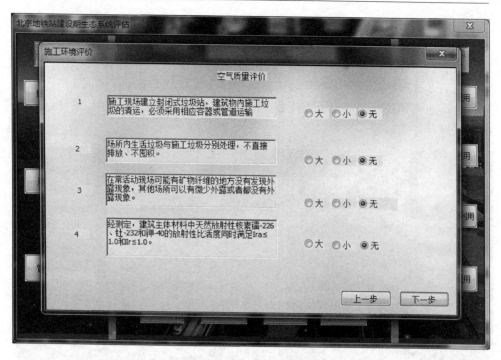

图 7-11　空气质量评价界面

图 7-12　隧道环境评价界面

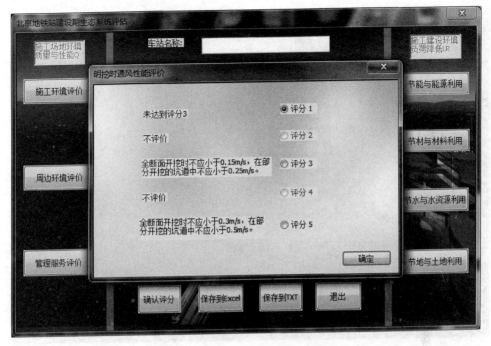

图 7-13　明挖时通风性能评价界面

图 7-14　暗挖时新风量评价界面

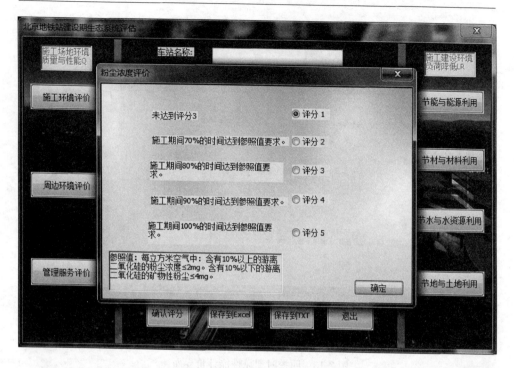

图 7-15　粉尘浓度评价界面

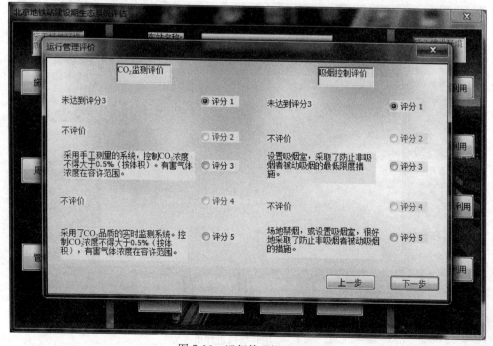

图 7-16　运行管理评价界面

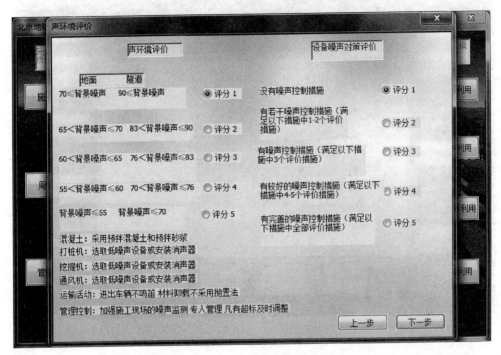

图 7-17 声环境评价界面

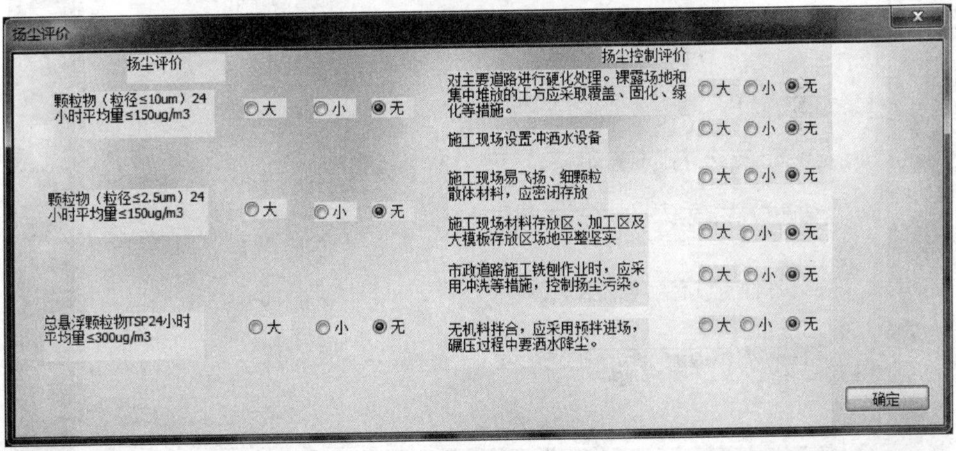

图 7-18 扬尘评价界面

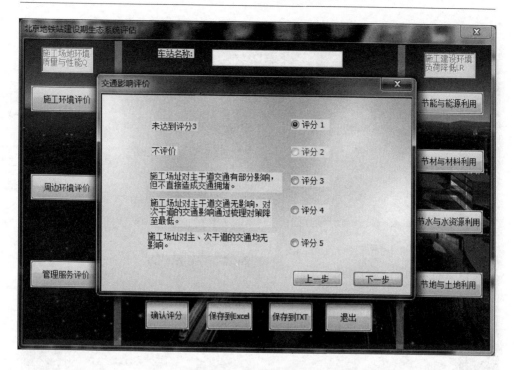

图 7-19　交通影响评价界面

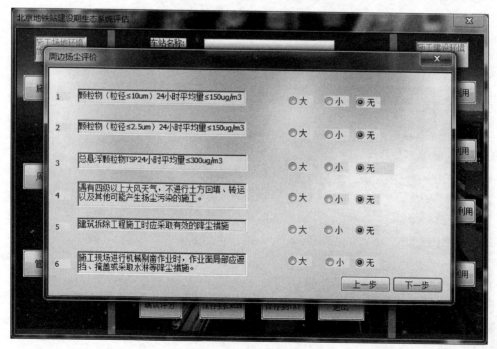

图 7-20　周边扬尘评价界面

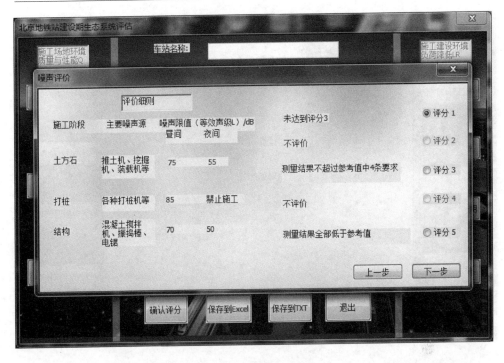

图 7-21　噪声评价界面

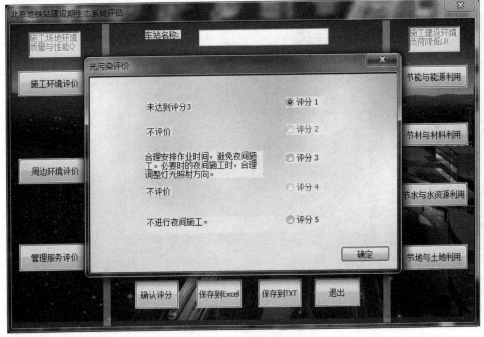

图 7-22　光污染评价界面

图 7-23　理服务评价界面

图 7-24　安全制度评价界面一

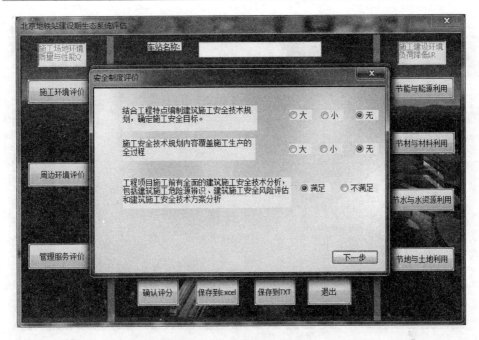

图 7-25　安全制度评价界面二

职业健康也需要满足一定的必选项，针对必选项下的评价条目进行评价，评价界面如图 7-26、图 7-27 所示。

图 7-26　职业健康评价界面一

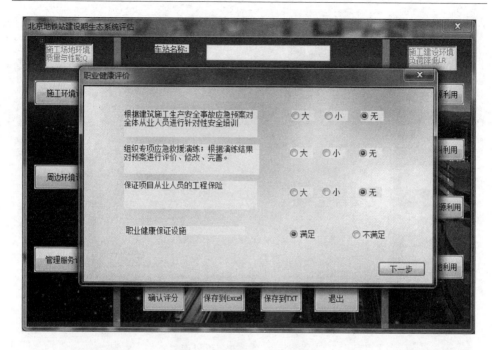

图 7-27　职业健康评价界面二

环境安全评价如图 7-28 所示。

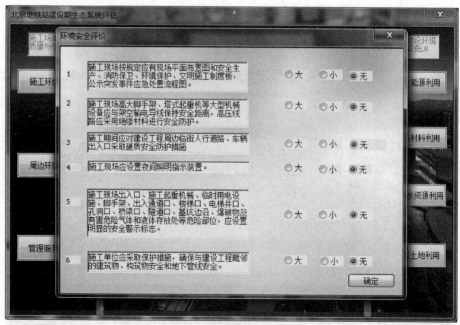

图 7-28　环境安全评价界面

完成施工场地环境质量与性能 Q 的评价后，进入 LR1——节能与能源利用的评价，评价界面如图 7-29～图 7-31 所示。

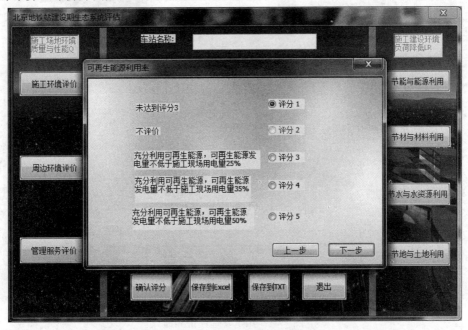

图 7-29　可再生能源利用评价界面

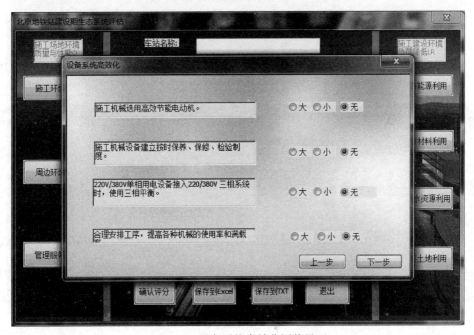

图 7-30　设备系统高效化评价界面

图 7-31　用电管理评价界面

依次进入 LR2——节材与材料利用的评价，评价界面如图 7-32、图 7-33 所示。

进入 LR3——节水与水资源利用的评价，评价界面如图 7-34～图 7-36 所示。

进入 LR4——节地与土地利用的评价，评价界面如图 7-37～图 7-39 所示。

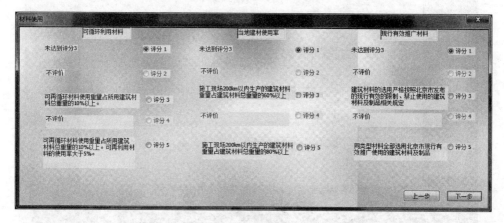

图 7-32　材料使用评价界面

图 7-33　废材料利用评价界面

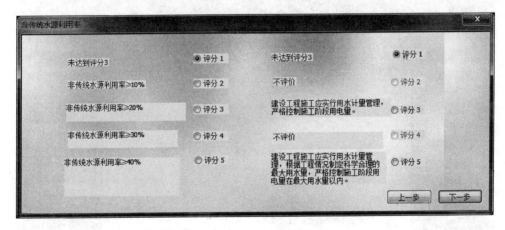

图 7-34　非传统水源利用率评价界面

评价完成后，单击确认评分，可查看各指标总分数以及最终计算结果 *SEE* 值，如图 7-40 所示。

为了方便结果数据显示，软件将结果进一步导出到 Excel 中，通过雷达图、柱状图的形式展示，如图 7-41 所示。

图 7-35　施工降水评价界面

图 7-36　废水利用评价界面

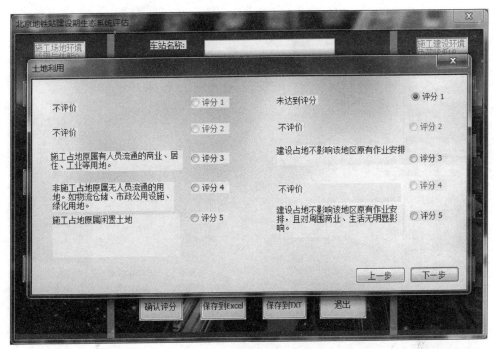

图 7-37 土地利用评价界面

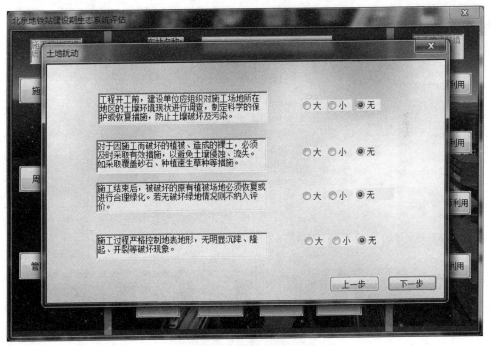

图 7-38 土地扰动评价界面

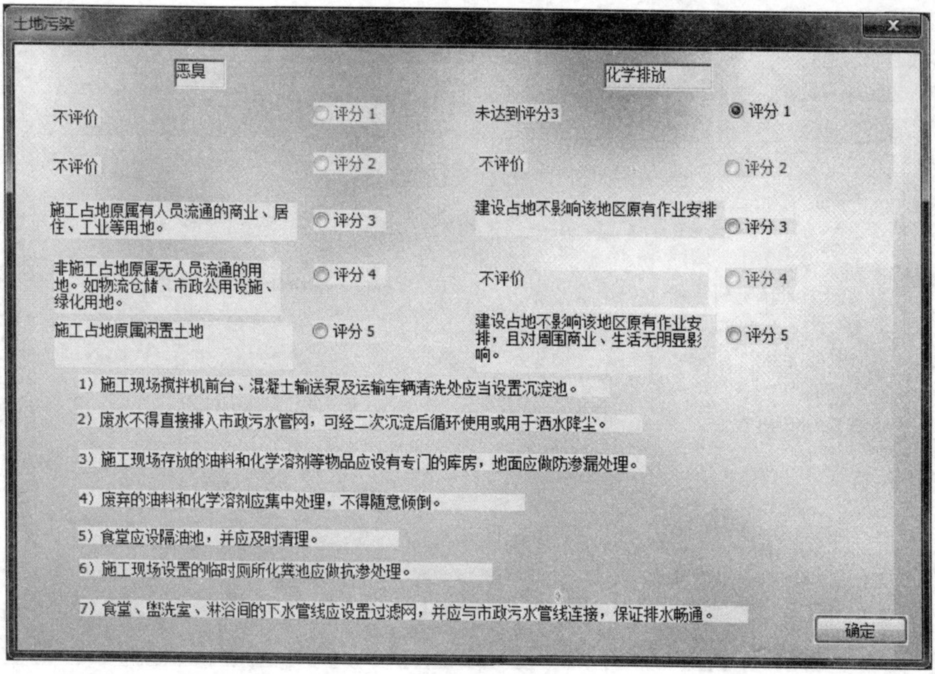

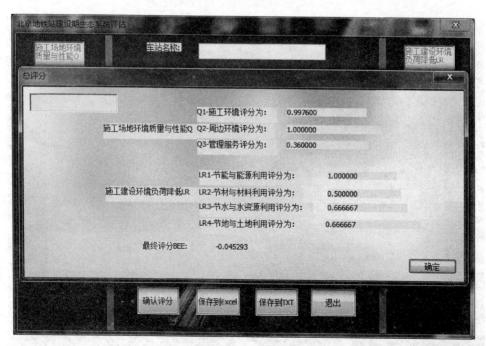

图 7-39　土地污染评价界面

图 7-40　查看结果界面

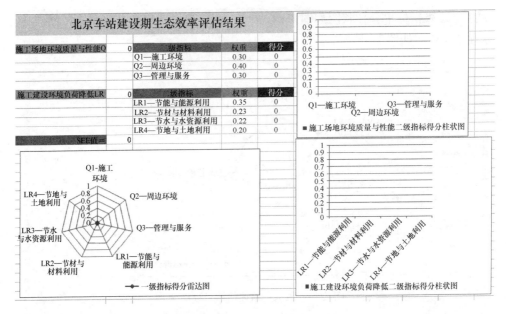

图 7-41　Excel 图表显示界面

7.5　案　例　分　析

7.5.1　评估案例

案例车站是北京地铁某地下站。为规范施工现场管理，保障施工现场安全生产、文明施工的规范运作，该站所在线路实现了全线的标准化施工，由快轨公司组织专业人员编写了《施工现场安全管理标准化图册》。

7.5.2　评估结果

以 MSEcE1.0 软件，根据案例车站实际情况进行生态效率评估。得到的评估结果如图 7-42 所示，各指标得分雷达图如图 7-43 所示，施工场地环境质量与

施工场地环境质量与性能Q	3.23	二级指标	权重	得分
		Q1-施工环境	0.30	3.41
		Q2-周边环境	0.40	3.00
		Q3-管理与服务	0.30	3.36
施工建设环境负荷降低LR	2.01	二级指标	权重	得分
		LR1-节能与能源利用	0.35	1.67
		LR2-节材与材料利用	0.23	1.50
		LR3-节水与水资源利用	0.22	1.83
		LR4-节地与土地利用	0.20	3.67
*SEE*值=	0.7			

图 7-42　案例车站评估结果

性能 Q 二级指标得分柱状图如图 7-44 所示，施工建设环境负荷降低 LR 二级指标得分柱状图如图 7-45 所示。

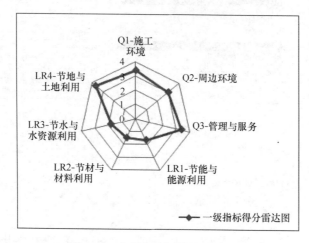

图 7-43　案例车站评估结果玫瑰图

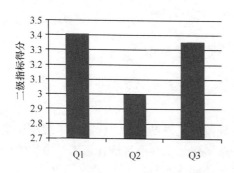

图 7-44　案例车站施工场地环境质量与
性能 Q 二级指标得分柱状图

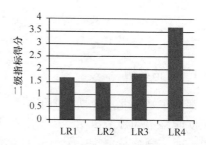

图 7-45　案例车站施工建设环境负荷
降低 LR 二级指标得分柱状图

7.5.3　结果分析

1. 指标分数分析

从图 7-42 评估分数看出，施工场地环境质量与性能 Q 得分 3.23 分，总分 5 分，结果良好。其中，Q1、Q2、Q3 的得分均在 3 分以上，总分 5 分，二级指标良好。施工建设环境负荷降低 LR 得分 2.01 分，总分 5 分，结果略差。其中，LR4 得分较高，为 3.67 分，指标性能优良，但其他指标得分均在 2 分以下，性能较差，从而影响了 LR 得分。

通过上述分析，可知，案例车站施工环境质量、周边环境质量及管理与服务质量比较优秀，其施工对土地的利用也比较合理，但对资源能源的利用相对较差，节能、节材、节水这三方面的环保措施相对不足，从而影响了其生态效率 SEE 值为 0.7，较之总分 5 分结果略差。

2. 一致性分析

地铁车站建设期生态效率评估体系是在"以人为本"的原则上建立的。一致性分析是将评估结果与调研人员对现场的直观感受相结合，从而验证评估结果与人们感受相符合的措施。

施工场地环境质量与性能 Q 得分良好。根据现场调研情况，总计 8 名调研人员对其施工环境评价较好，地上施工基本无较大的噪声，现场 5m 内能进行正常的交流，且场界布置有噪声监测。调研当天有专门人员正在进行洒水降尘作业，以降低扬尘对环境的污染影响，且施工主要道路采取硬化措施，钢筋加工厂也进行了地面硬化处理，降低了土地干扰。因为该站采取的是明挖法施工，进入地下施工区间通风性能良好，且施工垃圾均进行了分类处理，并用篷布遮挡或装袋处理，有效地防止了垃圾飞散。地上地下均设有相应的安全警示牌，且生活区功能设施齐全。由于北京市对施工建设安全环保要求力度加大，现场检查频繁，许多施工单位狠抓现场环境和安全管理，故而 Q1 施工环境和 Q3 管理与服务评估结果较好。但也由于工程负担加重、工期较紧，因此施工单位常有夜间施工现象，对 Q2 周边环境中的光环境略有影响。总体来说，案例车站施工场地环境良好。与评估结果相符合。

施工建设环境负荷降低 LR 得分略低。案例车站施工场址原为地面交通枢纽的一部分，而现场调研发现案例车站交通枢纽裕度较大，施工占地并未影响到地面公交系统的正常运行，所以案例车站对土地利用良好。但在评估过程中发现，案例车站规划设计时并不是以绿色生态建筑为目标进行，所以其施工在节能、节材和节水方面未采取相关重要措施，故评估结果较低，可见，LR 评估结果与实际情况相符合。

3. SEE 值级别分析

将一级指标评价结果对比现行国家标准《绿色建筑评价标准》GB/T 50378 的结果评级方法（表 7-17），绿色建筑分为一星级、二星级、三星级 3 个等级。要求每类指标的得分率不应小于 40%，当总分达到 50、60、80 分时分别为一星级、二星级和三星级。

分析一级指标的得分率可知，由于节能与能源利用 LR1、节材与材料利用 LR2、节水与水资源利用 LR3 三项指标得分率小于 40%，故并不能进行星级评级。若案例车站施工现场能对这三项指标进行优化，采取相关措施充分利用能源、材料、水资源，则案例车站最高能达到二星级标准。

指标得分率

表7-17

指标	施工环境 Q1	周边环境 Q2	管理与服务 Q3	节能与 能源利用 LR1	节材与材料 利用 LR2	节水与水 资源利用 LR3	节地与土 地利用 LR4
分数	3.41	3.00	3.36	1.67	1.50	1.83	3.67
得分率	68.2%	60%	67.2%	33.4%	30%	36.6%	73.4%

将 SEE 值评价结果对比日本 CASBEE 绿色建筑评估体系的 BEE 值分级要求（表7-18），可见在不采用相关节能、节材与节水措施的前提下，案例车站建设期生态效率略差。

CASBEE 评级表

表7-18

等级	评语	BEE 值	图标
S	优秀（Excellent）	BEE≥3.0	★★★★★★
A	很好（Very Good）	3.0>BEE≥1.5	★★★★★
B+	好（Good）	1.5>BEE≥1.0	★★★★
B-	略差（Slightly Poor）	1.0>BEE≥0.5	★★★
C	差（Poor）	BEE<0.5	★★

7.6　本　章　小　结

本章主要研究内容有：

（1）查阅了生态效率的研究方法及应用，对比了价值—影响比值法、数据包络分析法、环境影响评价法以及生态足迹法的优劣势，加深了对生态效率的理解。分析了美国 LEED 绿色建筑认证体系、英国 BREEAM 绿色建筑评估体系、日本 CASBEE 评估体系和中国的绿色建筑评价标准。

（2）根据中国相关规范条例，经过专家讨论修正和信息熵方法的筛选，选择施工场地环境质量与性能 Q 和建设环境负荷降低 LR 两大类指标。Q1 施工环境评价中选择 16 个指标，Q2 周边环境评价中选择 11 个指标，Q3 管理与服务选择 24 个指标。LR1 节能与能源利用选择 5 个指标，LR2 节材与材料利用选择 5 个指标，LR3 节水与水资源利用选择 4 个指标，LR4 节地与土地利用选择 7 个指标，总计 72 个指标。

（3）参考 CASBEE 评分细则及相关规范条例规定，对各个指标进行了评分细则制定。根据其性能优劣程度，采用"大、小、无"的评分方式，"无"表示该项指标未达到标准规范要求，"小"表示该项指标刚好达到标准规范要求，"大"表示该项指标达到了标准规范要求且实际情况更加优良。评价细则采用标准规范条文说明，尽可能避免主观评价的影响。

（4）分析指标权重，通过层次分析法对指标进行赋权，LR 三级指标部分因判断矩阵难以达到一致，则采用平均赋权的方法。可见对于间接影响生态效率的因子，评价时难以避免其人为主观影响。

（5）建立评估体制，编写评估程序。通过 VC 对评估体系程序化，方便简捷地对研究对象进行生态效率评估。以文字表达和图表表达的形式，方便使用者进行比较评估。

参 考 文 献

[1] http：//www. chinairn. com/news/20150204/090242876. shtml[EB/OL].

[2] http：//finance. sina. com. cn/roll/2017-02-27/doc-ifyavvsk3782234. shtml [EB/OL].

[3] 施仲衡. 砥砺奋进　实现城市轨道交通强国梦[J]. 都市快轨交通，2018，31(01)：1-4.

[4] 第四次评估报告综合报告撰写组. 气候变化 2007 综合报告[R]. 政府间气候变化专门委员会 IPCC，2007.

[5] 周晓唯，张金灿. 我国低碳经济发展政策研究[J]. 天府新论，2011，(2)：42-46.

[6] 中美达成温室气体减排协议[J]. WTO 经济导刊，2014，(12)：10.

[7] http：//www. tanjiaoyi. com/article-23347-1. html[EB/OL].

[8] 中美气候变化联合声明[J]. 中国能源，2014，36(11)：1-1.

[9] 习近平在巴黎联合国气候变化大会谈发展绿色建筑[J]. 建设科技，2015，23：6.

[10] 国家发改委应对气候变化司. 中国应对气候变化的政策与行动 2015 年度报告[R/OL]. 2015，http：//qhs. ndrc. gov. cn/gzdt/201511/W020151119673136615718. dpf.

[11] 国务院. 国务院关于印发"十三五"节能减排综合工作方案的通知[EB/OL]. 2017，http：//www. gov. cn/zhengce/content/2017-01/05/content_5156789. htm.

[12] 龙江英. 城市交通体系碳排放测评模型及优化方法[D]. 武汉：华中科技大学，2012.

[13] 李卫波，侯可斌. 地铁项目生态环境影响评价分析[J]. 中国环保产业，2017，(07)：35-38.

[14] Sunhir G. 聚焦交通基础设施建设的碳排放　决策改变碳足迹[J]. 交通建设与管理，2014，(11)：62-65.

[15] 刘明辉，李磐，黄晓枕，等. 基于中点模型的北京地铁暗挖车站建设期环境影响评价[J]. 北京交通大学学报，2016，40(1)：118-123.

[16] 毛睿昌. 基于 LCA 的城市交通基础设施环境影响分析研究[D]. 深圳：深圳大学，2017.

[17] Widman J. Environmental impact assessment of steel bridges[J]. J CONSTR STEEL RES, 1998，46(1-3)：291-293.

[18] Itoh Y. Bridge type selection system incorporating environmental impacts[J]. Journal of Global Environment，2000，6：88-101.

[19] Itoh Y, Kitagawa T. Using CO_2 emission quantities in bridge lifecycle analysis[J]. ENG STRUCT，2003，25(5)：565-577.

[20] Martin A J. Concrete bridges in sustainable development[J]. Proceedings of the Institution of Civil Engineers：Engineering Sustainability，2004，157(4)：219-230.

[21] Bouhaya L, Le Roy R, Feraille. Fresnet A. Simplified environmental study on innovative bridge structure[J]. Environmental Science and Technology，2009，43(6)：2066-2071.

[22] 刘沐宇，林驰，高宏伟. 桥梁生命周期环境影响评价研究[J]. 武汉理工大学学报，2007，29(11)：119-122.

[23] 刘沐宇，林驰，高宏伟. 桥梁生命周期环境影响的多级模糊综合评价[J]. 土木工程学报，2009，(01)：55-59.

[24] 刘沐宇，高宏伟，林驰. 基于生命周期评价的桥梁环境影响对比分析[J]. 华中科技大学学报(自然科学版)，2009，(06)：108-111.

[25] 刘立涛，张艳，沈镭，等. 水泥生产的碳排放因子研究进展[J]. 资源科学，2014，(01)：110-119.

[26] 许方强. 基于可持续发展的桥梁性能评估研究[D]. 北京：北京交通大学，2009.

[27] 徐双. 不同结构材料的桥梁生命周期碳排放研究[D]. 武汉：武汉理工大学，2012.

[28] Cole R J. Energy and greenhouse gas emissions associated with the construction of alternative structural systems[J]. BUILD ENVIRON, 1998, 34(3)：335-348.

[29] Thormark C. A low energy building in a life cycle—its embodied energy, energy need for operation and recycling potential[J]. BUILD ENVIRON, 2002, 37(4)：429-435.

[30] Nässén J, Holmberg J, Wadeskog A, et al. Direct and indirect energy use and carbon emissions in the production phase of buildings：An input - output analysis[J]. ENERGY, 2007, 32(9)：1593-1602.

[31] Gerilla G P, Teknomo K, Hokao K. An environmental assessment of wood and steel reinforced concrete housing construction [J]. BUILD ENVIRON, 2007, 42 (7)：2778-2784.

[32] Verbeeck G, Hens H. Life cycle inventory of buildings：A calculation method[J]. BUILD ENVIRON, 2010, 45(4)：1037-1041.

[33] Dodoo A, Gustavsson L, Sathre R. Carbon implications of end-of-life management of building materials[J]. Resources, Conservation and Recycling, 2009, 53(5)：276-286.

[34] Zabalza Bribián I, Aranda Usón A, Scarpellini S. Life cycle assessment in buildings：State-of-the-art and simplified LCA methodology as a complement for building certification[J]. BUILD ENVIRON, 2009, 44(12)：2510-2520.

[35] Gustavsson L, Joelsson A, Sathre R. Life cycle primary energy use and carbon emission of an eight-storey wood-framed apartment building[J]. ENERG BUILDINGS, 2010, 42 (2)：230-242.

[36] 曹淑艳，谢高地. 中国产业部门碳足迹流追踪分析[J]. 资源科学，2010，(11)：2046-2052.

[37] 张涛，姜裕华，黄有亮，等. 建筑中常用的能源与材料的碳排放因子[J]. 中国建设信息，2010，(23)：58-59.

[38] 张春霞，章蓓蓓，黄有亮，等. 建筑物能源碳排放因子选择方法研究[J]. 建筑经济，2010，(10)：106-109.

[39] 彭渤. 绿色建筑全生命周期能耗及二氧化碳排放案例研究[D]. 北京：清华大学，2012.

[40] 鞠颖，陈易. 全生命周期理论下的建筑碳排放计算方法研究——基于 1997～2013 年间

　　　　　CNKI 的国内文献统计分析[J]. 住宅科技，2014，（05）：32-37.

[41]　于萍，陈效述，马禄义. 住宅建筑生命周期碳排放研究综述[J]. 建筑科学，2011，
　　　　（04）：9-12.

[42]　陈莹，朱嬿. 住宅建筑生命周期能耗及环境排放模型[J]. 清华大学学报（自然科学版），
　　　　2010，（03）：325-329.

[43]　阴世超. 建筑全生命周期碳排放核算分析[D]. 哈尔滨：哈尔滨工业大学，2012.

[44]　尚春静，储成龙，张智慧. 不同结构建筑生命周期的碳排放比较[J]. 建筑科学，2011，
　　　　27(12)：66-69.

[45]　王霞. 住宅建筑生命周期碳排放研究[D]. 天津：天津大学，2012.

[46]　叶少帅. 建筑施工过程碳排计算模型研究[J]. 建筑经济，2012，（04）：100-103.

[47]　Doll C N H，Balaban O. A methodology for evaluating environmental co-benefits in the
　　　　transport sector：application to the Delhi metro[J]. Journal of Cleaner Production，2013，
　　　　58(7)：61-73.

[48]　Hong W，Kim S. A study on the energy consumption unit of subway stations in Korea
　　　　[J]. Building & Environment，2004，39(12)：1497-1503.

[49]　Baron T，Martinetti G，Pepion D. Carbon Footprint of High Speed Rail[J]. Encyclopedia
　　　　of Corporate Social Responsibility，2011，12(21)：11-16.

[50]　Chen F，Shen X，Wang Z，et al. An evaluation of the low-carbon effects of Urban rail
　　　　based on mode shifts[J]. Sustainability，2017，9(3)：401.

[51]　Saxe S，Casey G，Guthrie P，et al. Greenhouse gas considerations in rail infrastructure in
　　　　the UK[J]. Engineering Sustainability，2015：519-519.

[52]　Andrade C E S D，D'Agosto M D A. The role of rail transit systems in reducing energy
　　　　and carbon dioxide emissions：the case of the city of Rio de Janeiro[J]. Sustainability，
　　　　2016，8(2)：150.

[53]　Saxe S，Denman S. Greenhouse gas from ridership on the Jubilee Line Extension[J].
　　　　Transport，2016，170(2)：1-13.

[54]　Hoang H，Polis M，Haurie A. Reducing energy consumption through trajectory optimi-
　　　　zation for a metro network[J]. Automatic Control，IEEE Transactions on，1975，20(5)：
　　　　590-595.

[55]　Mellitt B，Sujitiorn S，Goodman C J，et al. Energy minimization using an expert sys-
　　　　tem for dynamic coast control in rapid transit trains[J]. Proc. Conf. Railway Engineer-
　　　　ing，48-52.

[56]　曾智超. 城市轨道交通对城市发展和环境综合影响后评价[D]. 上海：华东师范大
　　　　学，2006.

[57]　陈飞，诸大建，许琨. 城市低碳交通发展模型、现状问题及目标策略——以上海市实证
　　　　分析为例[J]. 城市规划学刊，2009，（06）：39-46.

[58]　张燕燕. 城市轨道交通系统牵引及车站能耗研究[D]. 北京：北京交通大学，2009.

[59]　龙江英，李焱，马龙. 城市轨道交通运营期碳排放算量研究[J]. 贵阳学院学报（自然科

学版），2011，06（2）：1-11.

[60] 卫超. 城市轨道交通与常规公交理论能耗的对比分析[J]. 科技资讯，2011，（29）：243-244.

[61] 张铁映. 城市不同交通方式能源消耗比较研究[D]. 北京：北京交通大学，2010.

[62] 谢鸿宇，王习祥，杨木壮，等. 深圳地铁碳排放量[J]. 生态学报，2011，（12）：3551-3558.

[63] 毛睿昌. 基于 LCA 的城市交通基础设施环境影响分析研究[D]. 深圳：深圳大学，2017.

[64] Li Y, He Q, Luo X, et al. Calculation of life-cycle greenhouse gas emissions of urban rail transit systems：a case study of Shanghai Metro[J]. Resources Conservation & Recycling, 2016.

[65] LU Carbon footprint report[R]. Transport for London，2008.

[66] Whole life carbon footprint of the rail industry[R]. RSSB，2010.

[67] Morita Y. A study on greenhouse gas emission of Urban railway projectsin Tokyo Metropolitan area[J]. Proceedings of the Eastern Asia Society for Transportation Studies，2011，（8）：6-11.

[68] Chang B. Initial greenhouse gas emissions from the construction of the California high speed rail infrastructure：a preliminary estimate[J]. Ann Arbor：University of California，Davis，2009，72.

[69] Chang B，Kendall A. Life cycle greenhouse gas assessment of infrastructure construction for California's high-speed rail system[J]. Transportation Research Part D：Transport and Environment，2011，16(6)：429-434.

[70] 建设项目环境保护管理条例[S]. 国务院令第 253 号，2017.

[71] 环境影响评价技术导则 城市轨道交通（HJ453-2008）[S]. 环境保护部，2008.

[72] Carson D. Silent Spring[M]. New York：Houghton Mifflin Company，1962.

[73] 人类环境宣言[M]. 北京：中国环境科学出版社，1993.

[74] 世界环境与发展组织委员会. 我们共同的未来[M]. 北京：世界知识出版社，1990.

[75] 联合国环境规划署、自然保护联盟、世界野生生物基金会. 保护地球——可持续生存战略[M]. 北京：中国环境科学出版社，1992.

[76] 联合国. 21 世纪议程[M]. 北京：中国环境科学出版社，1993.

[77] 面向 21 世纪中国可持续发展战略研究[M]. 北京：清华大学出版社，2001.

[78] 刘沐宇，高宏伟，林驰. 基于生命周期评价的桥梁环境影响对比分析[J]. 华中科技大学学报（自然科学版），2009，37(6)：108-111.

[79] Institution B S. BS EN ISO 14040：2006 environmental management-life cycle assessment-principles and framework [M]. 2006.

[80] 环境管理 生命周期评价 目的与范围的确定和清单分析（GB/T 24041—2000）[S]. 环境保护部，2000.

[81] 环境管理 生命周期评价 原则与框架（GB/T 24040—1999）[S]. 环境保护部，1999.

[82]　Guin J. Danish-Dutch workshop on LCA methods, held on 16-17 September 1999 at CML, Leiden[R]. Interpretation A Journal of Bible And Theology, 1999.

[83]　Goedkoop M J, Spriensma R. The Eco-Indicator 99: a damage oriented method for life cycle impact assessment[J]. Pain, 2001, 11(Suppl 1): S95.

[84]　Frischknecht R, Rebitzer G. The ecoinvent database system: a comprehensive web-based LCA database[J]. Journal of Cleaner Production, 2005, 13(13 - 14): 1337-1343.

[85]　温室气体核算方法与报告核算指南[S]. 发改办气候〔2015〕1722 号, 2015.

[86]　建筑碳排放计量标准(CECS 374—2014)[S]. 中国工程建设协会标准, 2014.

[87]　Willison JHM, Côté RP. Counting biodiversity waste in industrial eco-efficiency: fisheries cases study[J]. Journal of Cleaner Production, 2009, 17(3): 348-353.

[88]　Willard B. The sustainability advantage: seven business case benefits of a triple bottom line[M]. Gabriola Island: New Society Publishers, 2002.

[89]　World Business Council for Sustainable Development. Eco-efficiency: creating more Value with less impact[R].

[90]　葛振波, 张晋波, 李德智, 等. 基于 DEA 的我国建筑业生态效率评价[J]. 青岛理工大学学报, 2010, 31(5): 95-100.

[91]　清家刚, 秋元孝之. CASBEE——すまい(户建)の概要[J]. 住宅, 2008, (1): 16-19.

[92]　日本可持续建筑协会. 建筑物综合环境性能评价体系绿色设计工具 CASBEE[M]. 北京: 中国建筑工业出版社, 2005.

[93]　华佳. 浅析日本 CASBEE 评价体系[J]. 住宅产业, 2012, 05: 46-47.

[94]　政府间气候变化专门委员会. IPCC 第四次评估报告[R]. 2007.

[95]　Grubb M, Vrolijk C, Brack D. The Kyoto Protocol: a guide and assessment[J]. Molecular Ecology, 1999, 13(8): 21-33.

[96]　王上. 典型住宅建筑全生命周期碳排放计算模型及案例研究[D]. 成都: 西南交通大学, 2014.

[97]　杨倩苗. 建筑产品的全生命周期环境影响定量评价[D]. 天津: 天津大学, 2009.

[98]　龚志起. 建筑材料生命周期中物化环境状况的定量评价研究[D]. 北京: 清华大学, 2004.

[99]　燕艳. 浙江省建筑全生命周期能耗和 CO_2 排放评价研究[D]. 杭州: 浙江大学, 2011.

[100]　王帅. 商品混凝土生命周期环境影响评价研究[D]. 北京: 清华大学, 2009.

[101]　李小冬, 王帅, 孔祥勤, 等. 预拌混凝土生命周期环境影响评价[J]. 土木工程学报, 2011, (01): 132-138.

[102]　俞海勇, 王琼, 张贺, 等. 基于全寿命周期的预拌混凝土碳排放计算模型研究[J]. 粉煤灰, 2011, (06): 42-46.

[103]　苏醒, 张旭, 张荣鹏. 钢结构建筑用钢的生命周期评价[A]. 第三届宝钢学术年会, 上海, 2008[C]. 1365-1368.

[104]　王霞. 住宅建筑生命周期碳排放研究[D]. 天津: 天津大学, 2012.

[105]　汪臻. 中国居民消费碳排放的测算及影响因素研究[D]. 北京: 中国科学技术大

学，2012.

[106] 中国地铁工程咨询有限责任公司. 城市轨道交通可行性研究相关问题研究［M］. 北京：中国建筑工业出版社，2013.

[107] 陈明. 神经网络原理与案例精解［M］. 北京：清华大学出版社，2013.

[108] 谷琳. 建筑节能标准评估研究［D］. 北京：北京交通大学，2015.

[109] 邢修三. 物理熵、信息熵及其演化方程［J］. 中国科学（A 辑），2001，01：77-84.

[110] 郭金玉，张忠彬，孙庆云. 层次分析法的研究与应用［J］. 中国安全科学学报，2008，05：148-153.